中国物种保护案例

冯　瑾　张风春　杜乐山　施　诗 **等编著**

中国环境出版集团·北京

图书在版编目（CIP）数据

中国物种保护案例/冯瑾等编著. —北京：中国环境出版
集团，2022.7
  ISBN 978-7-5111-4866-7

  Ⅰ．①中…　Ⅱ．①冯…　Ⅲ．①物种—保护—案例—中
国　Ⅳ．①Q16

  中国版本图书馆 CIP 数据核字（2021）第 184593 号

出 版 人　武德凯
策划编辑　王素娟
责任编辑　范云平
责任校对　薄军霞
封面设计　岳　帅

出版发行　中国环境出版集团
　　　　　（100062　北京市东城区广渠门内大街 16 号）
　　　　　网　　　址：http://www.cesp.com.cn
　　　　　电子邮箱：bjgl@cesp.com.cn
　　　　　联系电话：010-67112765（编辑管理部）
　　　　　　　　　　010-67162011（第四分社）
　　　　　发行热线：010-67125803，010-67113405（传真）
印　　刷　北京建宏印刷有限公司
经　　销　各地新华书店
版　　次　2022 年 7 月第 1 版
印　　次　2022 年 7 月第 1 次印刷
开　　本　787×960　1/16
印　　张　10
字　　数　200 千字
定　　价　68.00 元

　　物种多样性作为生物多样性的三个组成部分之一，历来是《生物多样性公约》（以下简称《公约》）履约的重中之重，实现物种多样性保护也是《公约》各缔约方与国际组织共同的履约目标。与此同时，国际上也将物种保护作为生物多样性保护的主要抓手，制定了各种有关物种保护的国际法律法规，包括《野生动物迁徙物种保护公约》《国际植物保护公约》《华盛顿公约》《濒危野生动植物种国际贸易公约》《国际重要湿地公约》等，旨在通过法律手段保护野生动植物、保障野生动植物栖息地、严格管控野生动物非法贸易等，达到物种保护的目的。

　　中国作为《公约》最早的缔约方之一，在生物多样性保护特别是物种保护方面发挥了积极的作用，做出了重要的贡献，展现了一个负责任大国的担当。中国政府自加入《公约》以来，制定并出台了大量以物种保护为核心的法律法规和政策，实施了旨在严格保障物种栖息地的"生态保护红线"制度，打击了涉野生动植物资源的违法犯罪行为，建设了以物种或栖息地为保护对象的各级自然保护区，建立了国家公园保护地体系以保护珍稀濒危物种，大力推动了珍稀濒危野生动植物迁地保护。在物种保护方面，中国政府还加大了支持科学研究的力度，推动物种保护科普、宣传教育，提升公众物种保护意识，鼓励企业、社团、公众等利益相关方参与，同时鼓励新技术在物种保护领域的应用。

　　为了总结中国加入《公约》后在物种保护方面的成功经验和实践成果，与世界其他致力于物种保护的缔约方和国际组织交流，我们特编写了这本《中国物种保护案例》。中国加入《公约》已近30年，为了提高案例的有效性和借鉴价值，我们主要甄选了近10年的成功案例。考虑到一般读者的阅读需要，对其中部分专有名词和概念进行了解释，部分案例配以图片说明，案例叙述方式尽量通俗易懂，希望各行业的物种保护参与者能够在借鉴案例经验的同时，更多地掌握物种保护的相关知识。

本书中对每个案例都设置了案例描述、成功经验和适用范围等板块，便于读者参考和借鉴。本书由全球环境基金改善中国自然保护区可持续性项目资助，中国环境科学研究院张风春研究员和冯瑾助理研究员设计框架，冯瑾和杜乐山助理研究员整理完成，案例撰写获得了来自华南农业大学、生态环境部环境规划院、广东环境保护工程职业学院、广东省林业局、中央民族大学、中国人民大学、四川省绿色江河环境保护促进会、广西生物多样性研究和保护协会、中国观鸟组织联合行动平台、中国猫科动物保护联盟（CFCA）、自然之友、中国空间技术研究院等单位作者的支持，在此表示感谢。

由于我们水平有限、时间仓促，书中不当乃至谬误之处在所难免，希望广大读者提出建议和批评，不胜感激。

编　者

2021 年 12 月

目　录

第 1 章　政府主导

第 2 章　企业助力

第3章 多方参与

第4章 创新与实践

第5章 科学研究

第 6 章 宣传教育

第1章

政府主导

中国政府在推动物种保护方面一直处于主导地位。首先，政府从全局出发，对物种保护的各方面、各层次、各要素统筹规划，为国家和地方保护行动的部署提供战略指导；其次，政府从物种保护的体制机制问题入手，提供政策、规划、方针等方面的制度保障；最后，政府能够整合资源，调动多部门集中解决物种保护中面临的系统性和关键性问题。

【案例 1-1】

云南省出台政策保护极小种群物种

近年来，随着人口不断增长和经济快速发展，中国动植物资源受到了严重的破坏，部分物种呈现出"种群数量少、分布狭窄、人为干扰严重、濒临灭绝"的特点，这类物种被称为"极小种群物种"，极小种群物种是指因人为活动侵扰，生境功能衰退而导致分布地域狭窄或呈间断分布，种群及个体数量都极为稀少，灭绝风险极高的野生动植物类群。相较于一般物种，极小种群物种更易灭绝，相对于已经灭绝的物种，它们又有着通过人工干预恢复种群的极大希望。虽然极小种群物种的种群和个体数量都极度稀少，但它们具有不可替代的功能生态位。

案例描述

为了保护国家珍稀物种资源和基因资源，实现"零物种灭绝"的目标，云南省为保护极小种群物种提供了强有力的法律和政策支持。

2005 年，云南省林业厅编制了《云南省特有野生动植物极小种群保护工程项目建议书》，首次提出"极小种群物种"的概念。

2008 年，云南省政府出台《关于加强滇西北生物多样性保护的若干意见》（以下简称《意见》），提出滇西北生物多样性保护面临的主要问题之一是"部分野生物种种群小、数量少、地理分布狭窄，区域内生物种群的适应性和抗干扰能力十分脆弱"，要求对重要生态功能区、珍稀濒危物种、特有物种实施重点保护，制订科学合理的保护规划。《意见》还提出分步实施极小种群和珍稀濒危物种保护工程，力争到 2020 年，实现"所有珍稀濒危动植物和典型生态系统类型、绝大多数特有物种得到有效保护"的战略目标。《意见》将"极小种群物种保护工程"列为十大保护工程之一，为极小种群和珍稀濒危物种的保护提纲挈领地指明了方向。

2010 年，云南省政府批准实施《云南省极小种群物种拯救保护规划纲要（2010—2020 年）》（以下简称《纲要》）和《云南省极小种群物种拯救保护紧急行动计划（2010—2015）》。《纲要》将 112 个极小种群物种作为优先保护对象。其中野生植物物种 62 种，含国家Ⅰ级重点保护植物 20 种，国家Ⅱ级重点保护植物 28 种，云南省特有 30 种；野生动物物种 50 种，含国家Ⅰ级重点保护动物 29 种，国家Ⅱ级重点保护动物 9 种，云南省特有 5 种。《纲要》提出 5 项重点任务：

（1）极小种群物种生存状况、致濒因子、人工繁育等的基础调查与研究；

（2）对极小种群物种野外种群及其生境采取积极的、有针对性的改善、恢复和保护措施；

（3）对物种数量已经下降到极低水平，种内难以进行正常交配（繁殖）的物种采取人工促繁、驯养（培育）、野外驯化等措施及回归自然的工程；

（4）对于旗舰种、明星种、有重要价值的物种采取多元化的保护措施，并作为舆论宣传和公众教育的重点；

（5）修订和完善有关法规和政策。

《纲要》同时提出，根据不同物种的特点，以物种就地保护为根本，完善就地保护体系建设，包括：①强化自然保护区建设和管理；②建立保护小区和保护点；③大力促进物种生境的恢复。同时积极采取强化迁地保护、开展近地保护试验示范、加强种源培育与种质资源保存和开展物种回归实验等保护措施，确保物种种群安全。

2013 年通过的《云南瑞丽重点开发开放试验区建设总体规划》中也明确提出："加强重点生态功能区建设和生物多样性保护，对该区域特有的萼翅藤（*Calycopteris floribunda*）、滇藏榄（*Diploknema Yunnanensis*）等珍稀濒危物种以及我国特有的伊洛瓦底江水系的热带自然植被实施重点保护。"

截至 2016 年，云南省已经实施极小种群物种拯救保护项目 107 个，其中野生植物项目 70 个，野生动物项目 37 个。大树杜鹃（*Rhododendron protistum* var. *giganteum*）、滇桐（*Craigia yunnanensis*）、伯乐树（*Bretschneidera sinensis*）、富民枳（*Poncirus polyandra*）、密棘髭蟾（*Vibrissaphora liui*）、哀牢髭蟾（*Leptobrachium ailaonicum*）、白尾梢虹雉（*Lophophorus sclateri*）、西黑冠长臂

猿（*Nomascus nasutus*）等明星物种数量呈现稳定增长的态势。

成功经验

（1）云南省根据本省生物多样性的特点，提出了"极小种群物种"这一概念，并据此制定了一系列针对极小种群物种保护的政策，树立了因地制宜保护物种的典范。

（2）《纲要》根据不同的物种特点，详细提出了不同的保护措施和方法，使得极小种群物种的保护措施能够更好落地。

（3）极小种群物种保护被纳入了云南省重点开发区的总体规划，标志着云南将极小种群物种保护提高到了与经济发展同等高度的战略地位。

适用范围

需要为极小种群物种保护立法的国家和地区；需要因地制宜制定极小种群物种保护政策、战略、行动计划的政府和相关部门；有亟须保护的极小种群物种保护地管理部门。

（冯瑾　施诗）

【案例 1-2】

禁渔——破解长江无鱼之困

2019 年，生物多样性和生态系统服务政府间科学政策平台（IPBES）发布的全球评估报告认为，当前全世界的"物种灭绝速率"是"史无前例"的。IPBES 主席指出"只有从地方到全球各个层面通过'变革性改变'，才能使大自然得到恢复"。有研究证明，近代物种的丧失速度比自然灭绝速度快 1 000 倍，这就相当于每个小时就有一个物种从地球上永远消失。如何作出"变革性改变"，挽救正在灭绝边缘的物种，也是中国正在大力解决的问题。

案例描述

据统计，长江拥有 400 余种鱼类，其中中国特有鱼类 180 余种，包括国家一级重点保护野生动物中华鲟（*Acipenser sinensis*）和长江鲟（*Acipenser dabryanus*），二级保护野生动物胭脂鱼（*Myxocyprinus asiaticus*）、花鳗鲡（*Anguilla marmorata*）、川陕哲罗鲑（*Hucho bleekeri*）和秦岭细鳞鲑（*Brachymystax lenok tsinlingensis*）。长江流域的渔业资源丰富，捕鱼历史由来已久，随着渔民数量的不断增多和捕鱼技术的日益改进，过度捕捞现象日益严重，极少数渔民甚至采取"绝户网""电毒炸"等非法作业方式进行捕捞，直接造成长江渔业资源大幅萎缩，其他众多珍稀物种也遭受威胁甚至灭绝。

2019 年 1 月，农业农村部、财政部、人力资源和社会保障部联合印发《长江流域重点水域禁捕和建立补偿制度实施方案》（以下简称《方案》）。《方案》制定了对长江重点水域实施禁捕和补偿制度。《方案》将长江流域分为以下 4 种情况，分类、分阶段推进禁捕工作。

（1）水生生物保护区。2019 年年底以前，完成水生生物保护区渔民退捕，率先实行全面禁捕，今后水生生物保护区全面禁止生产性捕捞。

（2）长江干流和重要支流。2020 年年底以前，完成长江干流和重要支流除保护区以外水域的渔民退捕，暂定实行 10 年禁捕，禁捕期结束后，在科学评估水生生物资源和水域生态环境状况以及经济社会发展需要的基础上，另行制定水生生物资源保护管理政策。

（3）大型通江湖泊。大型通江湖泊（主要指鄱阳湖、洞庭湖等）除保护区以外的水域由有关省级人民政府确定禁捕管理办法，可因地制宜一湖一策差别管理，确定的禁捕区 2020 年年底以前实行禁捕。

（4）其他水域。长江流域其他水域的禁渔期和禁渔区制度，由有关地方政府制定并组织实施。

禁捕期间，对特定资源的利用和科研调查、苗种繁育等需要捕捞的，实行专项管理。

禁渔区域具体包括：青海省曲麻莱县至长江河口（东经 122°，北纬 31°36′30″—北纬 30°54′）的长江干流江段；岷江、沱江、赤水河、嘉陵江、乌江、汉江等重要通江河流在甘肃省、陕西省、云南省、贵州省、四川省、重庆市、湖北省境内的干流江段；大渡河在青海省和四川省境内的干流河段；鄱阳湖、洞庭湖；淮河干流河段。

《方案》还要求，根据各省退捕渔船数量、禁捕水域类型、工作任务安排等因素综合测算，发放一次性补助，用于收回渔民捕捞权和专用生产设备报废。对于积极退捕的渔民还以奖励的形式发放过渡期补助，鼓励渔民积极响应退捕号召。

成功经验

（1）农业农村部、财政部、人力资源和社会保障部三部委联合发布《方案》，保证《方案》在各个部门有效落地。禁渔涉及渔业资源、财政支出和渔民退捕安置等各方面问题，需要多部门联合行动，保证《方案》实施效果。

（2）实施分类、分阶段禁渔，更能有针对性地保证禁渔效果。长江是中国主要渔业资源分布区，全河段全面禁捕是难以实现的。《方案》根据长江河段的不同情况，采取部分重点区域全面禁捕、一部分区域暂定 10 年禁捕、另一部分区域由地方政府因地制宜开展禁捕的措施，体现了中国政府灵活务实的态度。

（3）解决渔民的后顾之忧。长江禁捕后为渔民提供了一系列保障措施，保障渔民能够有序退出捕鱼行业。

适用范围

国内外需要加强水生生物资源管理的流域；需要拟定禁捕政策和方案的国家和地方政府；水生生物多样性受到人类过度利用威胁的地区。

（冯瑾）

【案例1-3】

大熊猫引领中国物种保护新机制

中国的生物资源无论是种类还是数量在世界上都占据重要地位，陆栖脊椎动物约有2 340种，约占世界陆栖脊椎动物的10%；兽类499种，占世界兽类的11%。为了保护好这些重要的物种资源，中国建设了不同类型的保护地，截至2018年，建设不同类型、不同级别保护地1.18万处，陆域自然保护地总面积已占国土总面积的18%以上。中国虽然在保护地建设方面取得了巨大的成就，但仍然面临诸多挑战，如保护地虽然数量和种类众多，但彼此之间既缺乏地理联通也缺乏管理沟通；保护地多头管理、职能交叉的问题仍然存在；物种保护效率有待提升。如何使保护地管理朝着系统、科学、合理的方向迈进是中国亟待解决的问题。

案例描述

截至 2013 年，中国建立了 67 个以保护大熊猫（*Ailuropoda melanoleuca*）为主的自然保护区，66.8%的大熊猫个体和 53.8%的大熊猫栖息地受到保护。但全国第四次大熊猫调查结果表明，现存大熊猫被分割为 33 个隔离群体，其中 22 个种群个体数量低于 30 只，18 个种群个体数量低于 10 只。这些大熊猫所在的自然保护区主管部门涉及农业、林业、生态环境等多个部门。为保护大熊猫这一旗舰物种，国家亟须从根本上解决物种栖息地碎片化和跨部门管理的问题。

2013 年，党的十八届三中全会提出建设国家公园体制。2015 年，国家发展改革委等 13 个部门联合发布了《建立国家公园体制试点方案》，正式启动大熊猫国家公园等十处国家公园试点。2017 年，《大熊猫国家公园体制试点实施方案》正式出台。大熊猫国家公园试点总面积达 2.71 万 km²，涵盖了 70%的中国野生大熊猫栖息地和 80%的大熊猫种群。大熊猫国家公园进一步修复、

9

恢复、扩大了野生大熊猫栖息地，重点建设了土地岭、泥巴山、黄土梁、施家堡等大熊猫栖息地的生态廊道，连通相互隔离的栖息地，实现隔离种群之间的基因交流。

2017 年，四川省大熊猫国家公园体制试点工作推进领导小组印发了《大熊猫国家公园体制试点实施方案》，加强以大熊猫为核心的生物多样性保护，即把大熊猫作为主要保护物种的同时，国家公园试点着力发挥大熊猫的伞护功能，连带保护了整片区域的川金丝猴（*Rhinopithecus roxellanae*）、扭角羚（*Budorcas taxicolor*）等其他物种。

2018 年，中国进行机构改革，国家林业和草原局加挂国家公园管理局牌子，统一管理国家公园等各类自然保护地。大熊猫国家公园依托国家林业和草原局驻地专员办成立了国家公园管理局并在各省区成立了协调工作小组，对四川、陕西、甘肃 3 个省份的国家公园片区实施垂直管理。国家公园成立后不再保留其他相同区域内的保护地类型，解决了保护地种类繁多、多头管理的问题。同年，国家林业和草原局宣布对国家公园进行分类建设计划，将国家公园分为物种类型和生态系统类型两类，计划以大熊猫、东北虎豹、亚洲象（*Elephas maximus Linnaeus*）、雪豹（*Panthera uncia*）等旗舰物种为主要保护对象建立物种类型国家公园，最终形成以国家公园为主体的自然保护地体系。创新管理体制，确定国家公园类型划分能够优化公园管理策略和管理目标，合理分配资源，提高管理成效。

成功经验

（1）国家公园新体制解决了物种保护中的多头管理问题。国家公园由国家公园管理局统一布局、统一管理，能够提高对物种的保护效率和保护成效。

（2）伞护功能扩大了保护范围与对象。国家公园保护对象不再局限于规定的物种，同时强调辐射和伞护作用，为更多的物种提供保护。

（3）国家公园打破了行政界限。国家公园的建立一改过去以行政区划限制保护范围的做法，遵循自然规律，提高了保护地的保护成效。

适用范围 ···

    国内外需要改革保护机制体制以提高物种保护成效的国家和地区；国内外需要改善栖息地丧失、破碎化问题的保护地主管部门。

（冯瑾）

【案例1-4】

"绿盾行动"保护核心物种栖息地

建立自然保护区是保护珍稀濒危物种的最有效措施,它能够充分保障核心的生物栖息地,但中国各级、各地自然保护区建设程度不一,历史问题遗留、多头管理等问题一直困扰着保护区的可持续发展。如何积极制定、完善自然保护区监管机制,从而提高保护效率已成为一项迫在眉睫的任务。

案例描述

2017年7月至12月,环境保护部、国土资源部、水利部、农业部、国家林业局、中国科学院、国家海洋局7部门联合组织开展了"绿盾2017"国家级自然保护区监督检查专项行动,坚决查处涉及国家级自然保护区的违法违规问题。

该行动是7个自然保护区主管部门首次在全国范围内联合开展的国家级自然保护区监督检查专项行动,首次实现对446处国家级自然保护区的全覆盖,是我国自然保护区建立以来检查范围最广、查处问题最多、追查问责最严、整改力度最大的一次专项行动。

(1)在"绿盾2017"专项行动中,技术人员利用高分遥感影像、无人机、自然保护区移动监管App等多种技术手段,及时将社会各界反映的问题提供给巡查组或移交地方重点巡查、督办。

(2)各省(区、市)按照要求认真编制实施工作方案,"自下而上"与"自上而下"相结合,对违法违规问题组织开展了各保护区自查和省级工作组现场抽查检查,建立了违法违规问题管理台账和整改销号制度,严肃处理违法违规问题。

(3)环境保护部等7部门联合组成10个巡查组,对全国31个省(区、市)130个自然保护区的1 300余处点位进行实地巡查,在省、市、县和保护区层面召开近百场座谈会、汇报会，督促地方查处问题，加快问题整改。

"绿盾 2017"专项行动调查处理了 20 800 多个涉及自然保护区的问题线索，关停、取缔企业 2 460 多家，强制拆除 590 多万 m² 违法违规建筑设施。各地共对 1 100 多人进行追责、问责，其中处理厅级干部 60 人、处级干部 240 多人。各地共废止与上位法不一致的相关地方性法律法规 12 部，修订 51 部，新制定颁布 20 多部，同时清理了一批与新规不符的部门政策文件。

在"绿盾 2017"专项行动中，地方各级党委和政府的生态保护责任意识得到了进一步加强，不仅认真核查处理，更将绿盾专项行动排查范围扩大至地方级自然保护区，共自查出 5 000 多个问题，地方级自然保护区建设和管理水平得到了提高。

如广东省高度重视"绿盾行动"，地方党委和政府的主要负责同志亲力亲为，紧抓涉及自然保护区违法违规问题的查处和整改工作。在省委、省政府组织下，多部门协同，全面排查党的十八大以来省内 15 个国家级自然保护区和人类活动明显的省级自然保护区存在的问题。省、厅领导分别带队开展现

图 1-4-1 "绿盾行动"在广东——国家巡查组现场检查（林石狮 摄）

场检查，共整治 498 个问题，拆除违法违规建筑 6.3 万 m^2，关停企业 33 家，罚款 7.2 亿元人民币。推动广东省自然保护区环保监管平台建设，利用平台开展常态化检查，整体上有力打击了自然保护区内的违法违规行为，切实提升了广东省自然保护区管理水平，取得了良好的效果。

2017 年"绿盾行动"首开先例后，"绿盾 2018"专项行动吸取经验，采取压茬推进的方式，对发现的问题盯住不放，建立台账，实行拉条挂账、整改销号。同时，先易后难，优先解决既能够解决又有震慑力的问题，保持高压态势，逐步破解老大难问题。确立"追责问责制"，并通过信息公开、约谈曝光等手段督促整改。

成功经验

（1）为自然保护区等生物栖息地提供监管的整体策略。"自下而上"与"自上而下"相结合，充分发动群众力量。

（2）多个部门联合行动并得到地方政府大力支持。国家 7 个部门形成专项行动联合督查组，地方政府积极协助开展检查和整改。

（3）持续多年开展巡查和督查。自 2017 年起，建立台账并开展持续性的督查工作，保持高压态势。

（4）信息公开，多手段开展宣传。"绿盾行动"鼓励公众参与和社会监督，营造了全社会更加关注、理解和支持生态环境保护的良好氛围。

适用范围

整体策略适用于各个国家的自然保护区等生物保护地建设及督查整改工作；模式、督查方法等适用于各个区域的生物多样性保护工作。

（林石狮）

【案例 1-5】

中国全面禁止象牙贸易

野生动物贸易已经成为全球第三大非法贸易。2015 年 7 月 30 日，联合国大会通过了关于"打击野生动植物非法交易"的重要决议，中国积极响应该项决议，为国际社会共同拯救濒危物种做出了表率。

案例描述

象牙由于其数量稀少，材质温润细腻，被视为珍品。我国象牙雕刻工艺历史悠久，已被列入国家级、省级非物质文化遗产项目，是一门古老的传统艺术。

2016 年 12 月 30 日，国务院办公厅发布《国务院办公厅关于有序停止商业性加工销售象牙及制品活动的通知》（国办发〔2016〕103 号），主要内容包括："分期分批停止商业性加工销售象牙及制品活动。2017 年 3 月 31 日前先行停止一批象牙定点加工单位和定点销售场所的加工销售象牙及制品活动，2017 年 12 月 31 日前全面停止。""公安、海关、工商、林业等部门要按照职责分工，加强执法监管，继续加大对违法加工销售、运输、走私象牙及制品等行为的打击力度，重点查缉、摧毁非法加工窝点，阻断市场、网络等非法交易渠道。要广泛开展保护宣传和公众教育，大力倡导生态文明理念，引导公众自觉抵制象牙及制品非法交易行为，营造有利于保护象等野生动植物的良好社会环境。"

2019 年 4 月 15 日，海关总署举行海关打击象牙等濒危物种及其制品走私新闻发布会，公布 1—4 月全国海关立案侦办象牙案件 53 起，打掉 27 个犯罪团伙，抓获犯罪嫌疑人 171 名，查获象牙及其制品 8.48 t。其中，3 月 30 日破获的"1·17"特大象牙走私案，现场缴获象牙 7.48 t，全链条摧毁了一个长期专门走私象牙的国际犯罪集团，为近年来海关自主侦查查获象牙数量之最。同时严厉打击网上走私贩卖象牙等濒危物种及其制品活动，彻底铲除了多个走私贩卖象牙的网络平台。

各部门在多个场合应用多种手段进行普法宣传，包括在电视、电台、飞机场、地铁站、公共汽车站发布多种公益广告和纪录片等，该批广告设计精美，取得了良好的宣传效果。同时针对海外务工人群和旅游人群，在海外的建设工地、单位、旅游点等地进行宣传普法。

根据世界自然基金会（WWF）发布的第三次年度调查《2019年中国象牙消费研究》，近八成的受访者表示因禁贸令的出台，他们已不再购买象牙制品。同时，禁令及其后的联合执法行动也有效地打击了全球的野生动物走私网络。

成功经验

（1）为全球在打击野生动物非法贸易领域做出了表率。中国全面禁止象牙贸易为全球象牙政策趋势确定了基调，形成了超越国界的示范效应，进而引起并将继续引起其他国家和地区的积极响应。

（2）物种的保护超越传统习俗。象牙雕刻是中国的非物质文化遗产之一，但没有一种时尚或传统重要到可以威胁一个物种的生存，为了大象种群的发展，全面禁止贸易是必需的。

（3）项目得到政府部门高度重视。国务院是中国最高国家行政机关，禁令发布后多个政府部门强力联合执法，取得巨大进展。

（4）多手段宣传效果良好。禁令发布后各部门积极开展多种宣传，特别是深入至海外建设工地、旅游人群中，效果显著。

适用范围

亟须整顿野生动植物非法贸易的国家、地区和国际组织；需要宣传禁止非法野生动植物贸易的政府部门和宣传教育机构。

（林石狮）

【案例 1-6】

中国全面禁止非法野生动物交易

中国是世界上野生动物种类最丰富的国家之一。经过数十年努力，中国已构建起以《野生动物保护法》《森林法》《自然保护区条例》《濒危野生动植物进出口管理条例》等为核心的野生动物保护法律法规体系。随着野生动物保护重要性的日益凸显，中国野生动物保护法律体系也根据新形势在不断完善。

案例描述 ......

中国极少数民众吃野味的陋习不仅为野生动物的非法交易提供了市场，也为野生动物的保护工作带来了阻力。

《中华人民共和国野生动物保护法（2018 年修正）》中，关于保护的野生动物仅限于国家重点保护野生动物和没有合法来源、未经检疫合格的其他保护类野生动物。大量不在禁食范围内的野生动物被交易、运输和贩卖，不仅造成公共卫生安全的"重灾区"，也为野生动物的非法交易提供了市场，非法野生动物交易因此屡禁不止。

2020 年 2 月 24 日，第十三届全国人民代表大会常务委员会第十六次会议表决通过了《关于全面禁止非法野生动物交易、革除滥食野生动物陋习、切实保障人民群众生命健康安全的决定》（以下简称《决定》）。

《决定》明确，凡《野生动物保护法》和其他有关法律明确禁止食用的野生动物，必须严格禁止。全面禁止食用国家保护的"有重要生态、科学、社会价值的陆生野生动物"以及其他陆生野生动物，包括人工繁育、人工饲养的陆生野生动物。全面禁止以食用为目的对在野外环境下自然生长繁殖的陆生野生动物猎捕、交易和运输。

《决定》规定了严厉惩治非法食用、交易野生动物的行为。对违反《野生动物保护法》和其他有关法律规定，猎捕、交易、运输、食用野生动物的，在现行法律规定基础上加重处罚。

地方立法也积极推进，如深圳市人民代表大会常务委员会官方网站于2020年2月25日发布《深圳经济特区全面禁止食用野生动物条例（草案征求意见稿）》（以下简称《条例》），进一步明确禁止食用下列野生动物及其制品：①法律、法规规定保护的野生动物以及其他在野外环境下自然生长繁殖的陆生野生动物；②人工繁育、饲养的陆生野生动物。《条例》建立了"白名单"制度，以书面形式规定了可以食用的动物种类。

成功经验

（1）中国全面禁止非法野生动物交易为全球生物多样性保护工作做出了贡献。

（2）依法依规开展工作。由全国人民代表大会率先通过《决定》，在《野生动物保护法》等相关法律修订的过渡时期，让各部门、各地方在新形势下能"有法可依"，是非常及时和具有实践意义的。

（3）野生动物保护得到政府部门的高度重视。国务院是中国最高国家行政机关，禁令发布后多个政府部门强力联合执法，取得巨大进展。

适用范围

适用于全球各个国家共同有力打击国际野生动物的非法贸易行为；适用于各个国家开展国内野生动物非法活动的整顿。

（林石狮）

【案例 1-7】

破解茶树种质资源开发与保护难题

如何平衡种质资源的保护和开发利用一直是国际社会关注的热点。缺少对种质资源开发和利用的合理管理和约束，可能会导致种质资源在开发中过度浪费甚至"竭泽而渔"；但过度保护又无法充分发挥种质资源的优势，无法践行"绿水青山就是金山银山"的理论。如何实现开发与保护并行，是一个值得研究的课题。

案例描述

古茶树是指山茶科山茶属的野生茶树和具有一定历史的人工栽培茶树。古茶树分为栽培型和野生型两类。栽培型古茶树一般是指树龄超过 100 年的茶树。野生型古茶在分类学上属于大理茶（*Camellia taliensis*）和厚轴茶（*Camellia crassicolumna*），都属云南普洱茶。野生型古茶树具有茶树原始的特性和丰富的变异类型，除经济价值外，还极具科研、教学、育种等价值。由于云南普洱茶广受饮茶爱好者的青睐，古茶需求量不断增加，导致古茶树资源受到掠夺式开采，造成了对古茶资源的破坏，严重威胁了古茶树的可持续利用。近年来地方政府制定了专门的政策法规，推进了科学管理与保护，采取了组织化、产业化经营模式，有效地解决了古茶资源保护与开发利用的矛盾。

（1）在立法方面。2018 年，云南省第十三届人民代表大会常务委员会第二次会议通过的《普洱市古茶树资源保护条例》（以下简称《条例》），标志着普洱市古茶树资源的保护步入规范化、法制化轨道。《条例》从开展立法调研到起草草案，经历了征求专家意见、专家学者审改与论证等一系列程序，达到了社会各界广泛参与的目的。《条例》对古茶树资源的界定、保护与管理、开发与利用、服务与监督、法律责任等都作出了具体规定，确保从源头对古茶树资源进行科学管控与保护。

（2）在管理与保护方面。2019年，经过对本省产茶区域的多次走访调研，云南省自然资源厅、省农业农村厅、省林业和草原局联合出台了《关于保护好古茶山和古茶树资源的意见》，明确了古茶山、古茶树的认定标准。要求全面调查和摸清古茶山、古茶树资源，摸清古茶山、古茶树数量、分布、生长状况以及权属和管护情况，同时调查古茶山、古茶树周边各类土地利用情况以及村庄、居民点、道路、水利设施建设等情况。需要整改的则提出整改措施，实行销号管理。

（3）在产业化经营方面。云南省农业农村厅2018年制定了《茶叶产业三年行动计划（2018—2020年)》（以下简称《计划》），《计划》提出对古茶推广采取组织化、产业化方式，杜绝私人无序开发、掠夺式采摘等，打造万亩连片绿色生态茶园示范基地10个、名山古树茶园示范基地10个，并大力推广有机肥替代化肥、配方施肥、绿肥及绿色生物防控等技术。

成功经验

（1）通过地方性法规加强茶树资源在开发过程中的保护。《条例》的出台，不仅使得普洱古茶资源受到了最严格的保护，也确保了资源的可持续利用。

（2）政府牵头，专家参与。建立一个政策与科学平台，确保茶树资源的保护与利用能够科学、合理地进行。

（3）多部门联合行动。避免了茶树资源的保护与利用工作部门间的矛盾和冲突，同时，由于多部门参与，提高了种质资源保护的成效。

适用范围

适用于国内外具有多重价值的种质资源丰富的地区，特别是经济发展高度依赖某一种质资源的地区；适用于其他需要解决种质资源保护和开发之间的矛盾的地区。

（冯瑾）

【案例 1-8】

中国加强濒危鲟鳇鱼跨界保护

恢复栖息地是拯救大部分濒危物种的重要途径。想要有效保护物种，就必须在它们所有分布范围内进行全局性的栖息地保护和恢复。但统筹、科学地保护或恢复生境，消除生境的斑块化，有时则意味着需要对一些跨越国境的物种进行双边或多边联动式管理，因为很多物种的栖息地并不是按国境或行政边界划分的。

案例描述 ┄┄┄┄┄┄┄┄┄┄┄┄┄┄┄┄┄┄┄┄┄┄┄┄┄┄┄┄┄┄┄┄┄┄┄┄┄┄┄

史氏鲟（*Acipenser schrenckii*）和鳇（*Huso dauricus*）是黑龙江的主要经济鱼类，也是中国仅有的两种涉及鱼籽酱生产和出口的鲟形目种类。史氏鲟在中国主要分布于黑龙江中游干流、松花江、乌苏里江，在国外则分布于俄罗斯阿穆尔河流域。鳇在中国主要分布于黑龙江水系，在国外分布于日本、俄罗斯远东地区。

在 20 世纪 90 年代之前，中国史氏鲟、鳇的野外资源还较为丰富，具有一定的捕捞产量，1987 年达到历史捕捞高峰 452 t，其后产量逐年下降。90 年代后，由于过度捕捞和上游有害物质的超标排放，史氏鲟、鳇的产量大幅度下降，捕获的史氏鲟、鳇种群结构中体形大、年龄高的个体逐渐减少，说明黑龙江史氏鲟、鳇的繁殖种群结构已遭到破坏。

为了有效保护史氏鲟和鳇这两种鱼类，中国政府于 1994 年与俄罗斯联邦政府签订了《中俄关于黑龙江、乌苏里江边境水域合作开展渔业资源保护、调整和增殖的议定书》（以下简称《议定书》）。《议定书》规定：①史氏鲟采捕的最低标准为体长 100 cm，鳇采捕的最低标准为体长 200 cm。②黑龙江、乌苏里江边境水域每年 6 月 11 日至 7 月 15 日、10 月 1 日至 10 月 20 日为禁渔期。禁渔期间禁止一切捕捞作业。③设立常年禁渔区，禁渔区内，禁止一切捕捞作业。④禁止向渔业水域排放工业废水、城市污水，倾倒工业废渣、垃圾及其他有害物质。⑤修建水利工程影响鱼类洄游时，要建设相应的过鱼设施，或采取其他补救措施。⑥双方互相合作，建立联合人工孵化放流站，以人工增殖史氏鲟、鳇鱼的资源。

2017 年 7 月 29 日，中俄边境水域联合渔政执法和鲟鳇鱼增殖放流活动在黑龙江省抚远市举行，双方共向联合水域投放鲟鳇鱼苗超 100 万尾。同年 9 月，双方在边境水域开展了联合渔政执法行动。这是中俄双方在该领域首次进行的国家层面上的合作。2018 年 8 月 1 日、2019 年 7 月 13 日，两国再次联手举办鲟鳇鱼放流活动，共放流鲟鳇鱼 60 万尾。中俄双方的联合行动保护并促进了黑龙江鲟鳇鱼种群的恢复和发展，是中俄双方共同行动保护野生动物的又一成效。

成功经验

（1）跨国界联动确保联合保护行动的全局性和科学性。这种跨国界联动保护克服了物种保护中的边界限制，确保了能够针对物种的栖息地开展全局性、统筹性的行动。

（2）跨国联合行动提高了保护成效。两国联动确保了行动的一致性，避免了跨界各方各自为政、单独行动的局面。

适用范围

国内外对跨国界野生动植物保护的规划与行动；边界地区亟须物种保护的地方政府和机构。

（丁明艳）

【案例 1-9】

生态保护红线强化对濒危物种生境的保护

　　生境丧失、破碎化和退化是物种丧失的重要因素。首先，围湖造田、乱砍滥伐和资源开发等人类活动会破坏自然生境，使原有物种在新的生境下无法继续生存；其次，人类活动导致的生境破碎化会影响物种的迁移和种群间的基因交换，并有加速小种群灭绝的可能。有效遏制生境丧失与破坏，已成为保护物种的关键。

案例描述

　　2017 年，环境保护部和国家发展改革委联合发布了《生态保护红线划定指南》（以下简称《指南》）。

　　《指南》将"生物多样性维护区"划入重点生态功能区，认为生物多样性的维护关系到区域甚至全国的生态安全。《指南》遵循"整体性原则"，统筹考虑自然生态整体性和系统性，结合山脉、河流、地貌单元、植被等自然边界以及生态廊道的连通性，合理划定生态保护红线，应划尽划，避免生境破碎化，加强跨区域间生态保护红线的有序衔接。生态保护红线边界根据以下几类界线调整并确认：①自然边界，主要是依据地形地貌或生态系统完整性确定的边界，如林线、雪线、流域分界线，以及生态系统分布界线等；②自然保护区、风景名胜区等各类保护地边界；③江河、湖库，以及海岸等向陆域（或向海）延伸一定距离的边界；④地理国情普查、全国土地调查、森林草原湿地荒漠等自然资源调查等明确的地块边界。

　　《指南》对生态保护红线管控提出"生态功能不降低""面积不减少""性质不改变"的要求，保证红线内的自然生态系统结构保持相对稳定，退化的生态系统功能不断完善，生态保护红线面积只能增加，不能减少，严禁随意改变生态红线内的用地性质。

除了国家级和省级禁止开发区域（国家公园、自然保护区等传统物种保护的核心区域）外，《指南》还要求各地根据实际情况，"将有必要实施严格保护的各类保护地纳入生态保护红线范围"。这一范围主要包括极小种群物种分布的栖息地、国家一级公益林、重要湿地（含滨海湿地）、野生植物集中分布地等重要生态保护地。

尽管中国的自然保护区建设无论从面积还是从数量上看，都已达到了世界先进水平，但因为最初受到"多头管理"和行政边界制约，对物种系统性、完整性的保护也具有一定的局限性。生态保护红线政策的出台突破了这一限制，能够有效遏制因人类活动而加剧生境破碎化的趋势加剧。

成功经验

（1）生态保护红线增加了保护面积，能够保障更多的生境免受人类活动的破坏。

（2）加强了全国栖息地保护的系统性和全局性。生态保护红线的划分不以传统的行政区域为范围，而是立足自然生态系统的完整性和系统性，结合多种因素综合考虑，有效遏制物种生境的破碎化。

（3）全国重要栖息地保护得到了国家的政策支持。生态保护红线是国家层面出台的重要政策，具有部分的强制性，能够保证重要生境得到长期的保护、修复和改善。

适用范围

国内外负责全国物种保护和栖息地保护的政府和部委；国内外决策机构、相关领域的生物多样性保护组织或部门。

（冯瑾）

第 2 章

企业助力

随着《生物多样性公约》不断推动企业参与生物多样性保护的相关工作和相关国际体系的建设，企业参与生物多样性保护，特别是物种保护的意愿和需求也在不断增强。中国企业的参与为生物多样性保护与可持续利用增加了资金来源、提高了保护技术、拓宽了保护范围。

移动支付平台公益活动成为推动滇金丝猴保护的典范

目前，中国各级政府是物种保护的主体，但仅仅依靠政府保护是远远不够的。近年来，公众参与物种保护的意识和意愿不断增强，但由于缺乏成熟的参与渠道和方式，个人特别是远离物种栖息地的城市群体参与物种保护的渠道非常有限。如何扩大物种保护的参与渠道，使个人通过更便捷的方式参与进来是当代社会亟须解决的难题。

案例描述

滇金丝猴（*Rhinopithecus bieti*）是中国特有物种和旗舰物种，也是世界上栖息海拔最高的灵长类动物，被列入国家一级重点保护野生动物、《华盛顿公约》Ⅰ级保护动物和世界自然保护联盟（IUCN）2019年濒危物种红色名录。2016年，滇金丝猴总数只有3 000多只，零星分布于中国的云南、四川和西藏地区。由于人类活动对保护地的开发破坏，云南云龙天池森林里生存的滇金丝猴群体，被分割在南北两个"孤岛"上。长期隔绝导致近亲繁殖，并造成遗传多样性的降低和生存力的下降，加大了种群灭绝的风险。2019年，云南省林业和草原局、云南省绿色环境发展基金会等13家机构首次尝试建立了一个由政府主导、社会公益组织筹资、科研机构指导实施、企业与公众广泛参与的多方联动的全境保护网络，全面保护滇金丝猴及其栖息地。这是云南首次为单一野生动物建立全境联合保护机制，其很多方面的做法具有前瞻性和创新性，其中之一是借助移动支付平台帮助项目落地。

支付宝是中国也是全球最大的第三方移动支付平台，蚂蚁森林是由支付宝于2016年8月发起的线上绿色公益项目，旨在鼓励公众践行低碳行为，参与国土绿化和生物多样性保护。支付宝用户通过步行和地铁出行等行为减少相应碳排量，再将减少的碳排量转换为虚拟的绿色能量储存在用户的支付宝账户，用户可以通过积累绿色能量兑换不同的树种种植在蚂蚁森林。蚂蚁森林的合作基金会会定期根据种植数据在中国相应的地区实地种树，种树的用户也会在"成就"一栏解锁相应的环保证书。截至 2019 年 4 月 22 日，支付宝宣布蚂蚁森林用户数达 5 亿，已在实地种植 1 亿棵树，种树总面积近 140 万亩[①]。

"云龙滇金丝猴廊道修复项目"作为滇金丝猴全境保护网络成立后首个落地的项目，计划通过种植云杉和华山松，修复云龙天池自然保护区滇金丝猴种群间面积约 2 000 亩的廊道，使得约 170 只因保护地破碎而隔离的滇金丝猴实现种群间的基因交流。该项目由支付宝提供资金，云南省绿色环境发展基金会负责组织实施，大自然保护协会（TNC）提供技术支持。

2019 年 8 月 7 日是七夕节，支付宝蚂蚁森林正式在线上推出了仅限合种的新树种华山松和云杉，合种参与用户通过低碳行为积攒绿色能量，达到该树种的种植能量值以后，可以选择在蚂蚁森林种植云杉或华山松，最终助力"云龙滇金丝猴廊道修复项目"。

图 2-1-1　滇金丝猴（余中华　摄）

————————————————
① 1 亩≈666.67 m²。

蚂蚁森林依托支付宝平台开展物种保护公益活动，公众参与度高，保护形式新颖，参与方可实现资源共享互利，为修复滇金丝猴的栖息地、保护滇金丝猴做出了重要贡献，是移动端传媒大环境下全新的生物多样性保护形式，也是互联网+生物多样性的成功案例。

成功经验

（1）互联网+生物多样性的形式为濒危物种及其保护知识的普及提供了宝贵的平台。

（2）利用节日抓住公众心理，推动物种保护。七夕节当天上线的云杉和华山松能够在其他树种中脱颖而出，备受各种人群特别是情侣用户的青睐，主要是受到了节日因素的影响。

（3）为群众广泛参与濒危物种保护提供了最为便捷的途径。活动利用第三方支付平台广泛的参与度与贴近生活的参与方式让公众参与其中，从身边点滴小事做起保护濒危物种。

（4）支付宝在承担公益使命、保护生物多样性的同时，扩大了企业自身的影响力，吸引了更多潜在用户，提升了公益品牌形象。

适用范围

国内外所有有志于生物多样性保护的企业、基金会、民间团体、个人，尤其是网络电商服务平台；承担保护濒危物种责任的地方政府、生态环境和林业等主管部门。

（冯瑾　边福强）

【案例 2-2】

中国企业注重海外物种保护

在"一带一路"倡议的推动下，中国企业进一步加快"走出去"步伐，加强了与"一带一路"沿线国家的国际合作。这些合作主要包括道路、桥梁、港口、铁路、机场、隧道等基础设施建设，如果项目前期缺乏合理规划，会挤压当地野生动物的生存空间、改变地形、割裂物种栖息地、对动植物生境造成污染。如何助力当地物种保护，履行中国在海外的社会责任是中国企业面对的重要考验。

案例描述 ......

中国路桥工程有限责任公司（以下简称路桥公司）是从事工程承包、施工、设计、监理、咨询以及国际贸易的国有大型企业。自 1958 年起就承担中国政府对外援助项目，具有丰富的国际项目经验。

2017 年，由路桥公司承建的肯尼亚蒙巴萨—内罗毕标轨铁路（以下简称蒙内铁路）正式建成通车，全程 472 km，是肯尼亚独立后首条新建铁路，全线采用中国标准。

蒙内铁路穿过肯尼亚最大的野生动物园——察沃（Tsavo）国家公园。察沃国家公园占地 12 000 km^2，栖息着几乎所有非洲特有物种。蒙内铁路穿过这里必定会对公园内的野生动物产生影响。路桥公司为保护当地野生动物，采取了以下措施：

（1）铁路在设计阶段就根据不同动物的特点设计了不同的廊道，保证野生动物的迁徙。路桥公司设置了 14 处动物通道、600 处涵洞和 61 处桥梁供动物穿行蒙内铁路，部分路段桥梁架设高达 7 m，保障长颈鹿等大型动物安全通行。这一标准远高于其他地区同类型项目桥梁的高度。

（2）肯尼亚气候干湿分明，为解决野生动物在旱季饮水困难的问题，路桥公司还在铁路沿线为动物提供了饮水设施。

（3）项目施工过程中采取措施减少对动物的惊扰。路桥公司将沿线铁路的护栏电量控制在不伤害动物的范围内，坚持"夜间停工"，施工机器设备上安装了隔音罩及降噪装置，施工便道旁设置了禁止车辆鸣笛的临时标示牌。

（4）注意维持和保护当地原有生境。路桥公司挖坑取土时，将取土地选在远离国家公园的地方，取土避免深挖，防止动物坠落或溺毙，及时对取土坑回填和复垦绿化，恢复原有生境。

（5）制定解救动物应急预案。路桥公司主动承担社会责任，发挥自身优势，主动制定了解救动物应急预案，随时救治受伤的野生动物。蒙内铁路项目在建设期间未发生野生动物受伤事件。

成功经验

（1）中国企业的积极行动是践行"一带一路"倡议的具体实践。中国企业响应《推动共建丝绸之路经济带和21世纪海上丝绸之路的愿景与行动》中提出的"保护当地生物多样性"的号召，积极履行企业保护海外物种的社会责任，维护了中国负责任大国的良好形象，为其他拓展海外业务的中国企业树立了示范标杆。

（2）中国企业在海外因地制宜保护生物多样性。路桥公司根据肯尼亚的气候、地形和当地物种生活习性，在铁路建设中有针对性地实施了一系列保护当地野生动物的措施，有效保护了珍稀野生动物及其栖息环境。

适用范围

国内外需要拓展海外市场、参与世界经济建设、推动国际合作的各类企业；参与"一带一路"沿线建设的各类跨国企业。

（冯瑾）

【案例 2-3】

企业家参与挽救木兰科珍稀濒危物种

近年来，由于森林不断退化，生态环境日趋恶化，许多古老的植物类群自然繁殖能力急剧衰退，非常多种类濒临灭绝。如何开展有效的物种保护工作，抢救珍稀植物于濒危，恢复其生态系统平衡，不仅是很多科研机构、生物学家在努力，越来越多的园林相关的企业也关注到了并参与进来，他们与产业相结合，在恢复野生种群的同时，培育园林绿化品种，让濒危植物重新走进大众视野。

案例描述

木兰科是显花植物中最古老的类群之一，它们具有很高的科学研究价值，是研究被子植物起源、发育、进化不可缺少的珍贵材料。木兰科植物大多树形优美，花大而艳丽，具有非常好的观赏性，是中国传统的园林绿化树种，极具观赏和经济价值；不少种类对维持森林生态系统平衡起着重要作用，因此也具备良好的生态效益。中国是世界上现存木兰科植物种类最丰富的国家，有 11 属 170 余种，但由于栖息地退化、屡遭滥伐以及自身繁殖能力衰退等原因，有不少种类已处于近危、濒危和极危的状态，其中有 39 种被列为中国重点保护树种，48 种被收录在 IUCN 红色名录中。

企业家朱开甫在一个偶然的机会，听取一位林业专家的介绍，了解到了一种极度濒危的木兰科植物——香木莲（*Manglietia aromatica*），其在世界上的野生大树仅存不到 10 棵，随后他又参观了一个小型木兰园，随即产生了保护这类美丽的濒危植物的想法。之后，他开始在林学专家的指导下，前往各个森林与研究所，学习木兰科植物的鉴定方法，了解木兰科的生态习性，进行栽培育种实验。在掌握一定技术后，朱开甫投资并建设了木兰园，用于从事木兰科植物种质资源收集工作。

经年累月，朱开甫在广东徐闻县、中山市、深圳市及佛山市等地投资 8 000余万元，建设了面积达 2 200 余亩的种植基地，取名为"神州木兰园"。园内共收集了 156 种木兰科珍稀树种，其中 40 种为 IUCN 红色名录收录物种，36种为中国重点保护的珍稀濒危树种。2009 年，神州木兰园在于广州举行的第二届国际木兰科植物学术讨论会上受到了国内外专家的高度赞扬，应邀加入国际植物园保护联盟（BGCI）、国际木兰协会（MSI）。同年，被批准为"广东省木兰科种质资源库"；2011 被国家林业局正式批准为"全国野生动植物保护及自然保护区建设工程——木兰植物保育基地"。如今，神州木兰园已成为华南农业大学等高校的科研实践基地，与多个科研机构合作，承担了林业、农业、科技、旅游等十几项技术成果推广工作，同时也已成为世界上最大的木兰科植物种质资源保存及种苗产业化中心之一。

神州木兰园在进行物种保护恢复的同时，还开发新品种进行推广应用，通过欧美品种与国内品种的杂交，选育出"大红运"等玉兰品种，并在华南大量推广；为深圳大运会提供了 2 000 棵种苗，并支持多个城市、高校建立起了自己的木兰园和种质资源保护基地。神州木兰园经过十余年的引种、驯化、栽培、推广，让大多数濒临灭绝的木兰科植物重新出现在世人面前。

成功经验

（1）企业家在积累财富后不安于享受，而是投入到对社会、对自然、对人类有益的物种保护工作中，为木兰科植物的保护与恢复做出了世界性的重大贡献。

（2）在物种保护的同时，注重园林品种筛选与推广，让珍稀植物重新回归人们视野，唤起人们的物种保护意识。

（3）企业资金可以弥补政府资助的盲区，为物种保护提供较好的可持续发展的平台。

适用范围 ....

国内外有志于保护珍稀物种的企业、民间团体和科研机构；具备场地以及技术基础的园艺公司。

（施诗）

【案例2-4】

企业助力鲟鱼拯救行动

随着经济的发展，我国水电站的规模和数量也在快速增长，如果设计、施工与运营不合理，就会对水生生物多样性带来不同程度的影响，特别是对溯河洄游鱼类，如果洄游通道受到阻塞，鱼群就无法正常到达产卵地产卵。另外，水电站的修建还会导致各类鱼群集中在某些河段，极易遭到人类集中捕捞，加之大量鱼类集中在局部区域造成竞争，使得水生生物多样性丧失。

案例描述

本案例中的鲟鱼包括中华鲟和长江鲟。

中华鲟（*Acipenser sinensis*）是溯河性鱼类，繁衍了1.4亿年，是中生代时期就存在的物种，被称为"水中大熊猫"。20世纪70年代中期，由于水电开发妨碍中华鲟回溯繁殖，加之长江流域渔业过度捕捞，造成中华鲟数量急剧下降。2013年监测到野生中华鲟出现自然繁育中断的现象，同时监测到野生中华鲟雌雄比例为7∶1以上，雄鱼可能先于雌鱼灭绝。

长江鲟（*Acipenser dabryanus*）是长江淡水鱼类，20世纪70年代后期，由于人为捕捞和环境污染，长江鲟数量急剧下降，2000年也出现自然繁育中断现象。

由于这两类鲟鱼面临绝迹风险，1988年，中华鲟和长江鲟被列为国家一级重点保护野生动物。随后，人工繁殖和增殖放流成为挽救中华鲟和长江鲟的重要途径。事实上，在1982年中国葛洲坝集团有限公司就成立了中华鲟研究所，开展中华鲟救护和研究工作，2009年中华鲟研究所正式并入中国长江三峡集团有限公司（以下简称三峡集团）。为保护"水中国宝"中华鲟，三峡集团为研究所累计投资3 700余万元，全面推动中华鲟全人工繁殖工作的开展。

35

图 2-4-1　中华鲟（边福强　摄）

　　全人工繁殖是指子一代鲟鱼经多年纯淡水环境培育，通过人工诱导鲟鱼性腺发育、成熟并产下子二代的过程。全人工繁殖下的鲟鱼不再经过海淡水的洄游，但与野生鲟鱼在习性和遗传特征上并无差异。2009—2011 年，中华鲟研究所成功完成了三次中华鲟全人工繁殖，解决了纯淡水条件下中华鲟难以蓄养成熟的难题。2013 年，中华鲟研究所率先突破人工诱导雌核发育技术（仅由雌性遗传物质繁育后代的技术），在全人工繁殖期内开展了小批量生产雌核苗种实验，并获得 300 多尾雌核苗种。这意味着中华鲟在缺乏雄鱼这一极端条件下的繁殖难题已经被解决。2016 年，中华鲟研究所构建了中华鲟亲鱼遗传谱系，对全部子一代中华鲟后备梯队进行了 DNA 检测，建立了遗传谱系，为下一阶段在全人工繁殖过程中实现更为精准的遗传管理提供了必要的技术支撑。1983 年以来，中华鲟研究所累计向长江放流 500 多万尾中华鲟，数量虽然少，但在产卵、受精、孵化过程中不存在损耗，2015—2017 年，1龄以上大规格幼鲟到达河口的比率为 40%～50%，对于延缓中华鲟自然种群快速衰退发挥了积极作用。

2011 年，三峡集团启动长江鲟全人工繁殖技术研究，建立了以营养强化和温度刺激为主的生殖调控体系，促使长江鲟在人工养殖条件下性腺发育成熟，促进长江鲟的大规模增殖放流。2019 年，中华鲟研究所宜昌黄柏河基地分三批次成功催产 20 尾雌鱼和 4 尾雄鱼，获得 33 万粒受精卵，成功孵化长江鲟仔鱼 5 万余尾。

全人工繁殖的成功，标志着我国濒危鲟鱼保护技术取得巨大突破，为鲟鱼种群的人工养殖打下了坚实的基础。

成功经验

（1）三峡集团作为企业，肩负起了物种保护的使命，履行了企业的社会责任，为企业参与物种保护树立了典范。

（2）科学技术在珍稀濒危物种保护中起到了重要作用。采用全人工繁殖技术保障中华鲟和长江鲟在人工繁育的条件下免于物种灭绝。

适用范围

有志于保护濒危物种的国内外企业、科研机构可以作为物种保护的主体参与保护；有亟待拯救的濒危物种的国家也可以参考借鉴本案例中的技术。

（冯瑾）

【案例2-5】

产学研结合促成物种保护与经济发展双赢

自进入20世纪以来,生产结构的巨大转变对自然环境带来了极大的影响,而生境的破坏使得许多传统的经济物种面临快速消失的危险。如何在物种保护及种群恢复的同时发展经济是许多地方政府与研究机构需要解决的难题。与科技企业进行产学研合作,是推动成果转化的一个有效途径。

案例描述

滇池金线鲃（*Sinocyclocheilus grahami*）属于鲤形目鲤科鲃亚科,因为栖息于洞穴又得名小洞鱼,是我国云南滇池水系的特有种,主要分布于该流域的河流、溶洞以及暗河中。金线鲃肉质鲜美,被徐霞客称赞为"滇池美味",并因此与大头鲤（*Cyprinus pellegrini*）、大理弓鱼（*Schizothorax taliensis*）、鱇白鱼（*Anabarilius grahami*）并称为云南四大名鱼,在20世纪五六十年代之前都是滇池水体的主要经济物种。但20多年后,金线鲃的生存状态发生了巨大的变化,它不仅不再是经济鱼种,甚至在滇池水域中近乎绝迹,只在湖周少数支流的溪流和泉池中才能发现少量个体。鉴于此,滇池金线鲃在1989年被列为国家二级保护动物,并选入《中国濒危动物红皮书（鱼类）》,在2008年被IUCN评定为极度濒危物种。相关研究人员观察发现了滇池金线鲃快速消失的原因:虽然金线鲃多生活于水面开阔的静水湖泊,但是生殖季节会集中在湖边或者有泉水的溶洞中产卵,并对产卵区域的水质要求很高,但自20世纪60年代起,滇池周边不断围湖造田、建设工厂,这一系列人工活动破坏了金线鲃的正常繁育环境,带来了水质污染,同时当地渔业盲目引入的外来物种也威胁到了金线鲃的生存,再加上金线鲃本身繁殖能力低、产卵数量较少,最终造成金线鲃濒危的现状。

为了恢复金线鲃种群数量,中国科学院昆明动物研究所自2000年开始对滇池金线鲃的人工繁殖进行研究，在催产、人工授精、鱼卵孵化以及苗种筛选等方面进行技术攻关。经过多年努力，于 2007 年从根本上突破了人工繁殖的屏障。2009 年起，该团队实施滇池金线鲃人工增殖放流，先后 30 余次在滇池流域放流鱼苗 800 余万尾。通过监测发现，放流个体可以在滇池劣Ⅳ类水质中生存且性腺发育良好，滇池金线鲃的濒危状态得到了极大改善。

考虑到金线鲃的经济物种特性，昆明动物研究所与科技企业进行了一系列产学研合作，科技公司投入百万元资金，与研究所共同进行了金线鲃种质资源监测与保护、分子标记育种、工业化养殖、新品种和新技术的应用与推广等工作。2018 年，生长快速、肌间刺弱化、抗病能力强的新品种"鲃优 1 号"获得了水产新品种证书，得到了农业农村部的官方认定，实现了云南省水产新品种零的突破。

作为当地土著鱼种，"鲃优 1 号"一经推向市场，便受到了很大欢迎。预计云南省的年养殖规模有望达到 200～300 t，最终形成上亿的产业规模。同时作为基因资源库的放归野生种群的监测和保护工作也得到了持续的资金支持。

成功经验

（1）通过产学研结合进行物种保护与利用。以科研成果为基础，以经济发展为导向，能获得科技、经济的双丰收。

（2）企业参与滇池金线鲃的保护与新品种开发及推广。企业参与对促进当地物种保护、渔业发展、经济发展具有重大的现实意义。

适用范围

该案例适用于计划开展具备经济价值的珍稀物种保护工作的政府与科研机构，同时也适用于具备经济与技术实力的地区，积极寻找市场方向，利用市场机制引导物种保护，以及进行优良品种的选育。

（余敬伟）

第 3 章

多方参与

　　中国积极推动生物多样性保护与可持续利用在政府主导下的多利益相关方参与机制建设。作为世界上生物多样性最丰富的国家之一，中国各类保护力量的广泛参与使其能够深入了解各地区各部门的保护需求，配合政府工作，形成保护合力。

【案例 3-1】

社区参与机制推动滇金丝猴保护

珍稀物种越是丰富的偏远地区，人们越是依赖粗放的生产生活方式。物种或物种生境在这种情况下难以得到有效的保护。如何建立物种保护和社区发展协同增效机制一直是中国面临的一项挑战。

案例描述

滇金丝猴是中国特有物种和旗舰物种，被列入《国家重点保护野生动物名录》和 IUCN 2019 年濒危物种红色名录。滇金丝猴的野生种群除了有 3 个群落分布在西藏芒康县外，其余均分布在云南西北部。据统计，在滇西北有40 余万居民生活在滇金丝猴栖息地周围。这些居民多为少数民族，收入主要依靠种植业、畜牧业和非木质林产品的采集。这种过度依赖自然资源的生产方式必然对滇金丝猴的生境造成巨大威胁，使得它们赖以生存的林木资源遭到破坏。

云南迪庆州德钦县佛山乡巴美村、迪庆州维西县塔城镇塔城村托落顶村民小组和丽江市玉龙县石头乡利苴行政村的社区居民，在大自然保护协会（TNC）的支持下建立了社区参与的保护机制，使当地村民获得更多利益的同时，长期支持滇金丝猴的保护行动。

TNC 的滇金丝猴全境保护项目充分发挥了帮助社区居民寻找替代生计，保护滇金丝猴生境的作用。塔城、利苴和巴美村社区在 TNC 的支持下，逐步探索"社区参与自然资源保护与管理"的模式。

具体措施包括：

（1）每个村子因地制宜制定有关森林保护的村规民约，以基层民主的形式约束伐木行为。近 4 万亩森林因此得到长效保护，滇金丝猴的栖息地碎片化的趋势也得以遏制。

图 3-1-1　滇金丝猴（余中华　摄）

（2）帮助提高村民物种保护的意识和能力。TNC 与丽江古城保护管理局共同设立了丽江数字博物馆，数字博物馆通过文字和图片形式，引导公众认识到滇金丝猴所代表的生物多样性价值。

（3）村民制定自发参与的巡护制度。当地村民自发组成巡护队，对滇金丝猴栖息地开展持续的巡护监测，目前巡护队人数达到 10 人。

（4）接受物种保护相关的技术培训。TNC 为丽江地区特别是邻近保护区的学校举办可持续教育教师培训班，当地农村教师在培训中学到了物种保护知识，提高了物种保护意识。

（5）参与可持续的替代生计项目。"滇金丝猴 300+计划"为利苴村 2 年内没有非法烧炭、盗伐和盗猎的农户销售村内最主要的经济作物——白芸豆。村民利用"户户安心工程"公益淘宝店的平台，打开了农产品的销售渠道，增加了收入，提高了保护滇金丝猴的热情。

通过"社区参与保护"的形式，滇金丝猴的栖息地十几年来陆续清除了数千个陷阱，处理干扰事件 2 000 余次，制止了多起盗猎行为，为滇金丝猴全境保护网络的形成打下了良好的群众基础。

成功经验

（1）社区居民成为物种保护的主体。当地居民在物种保护方面起到的主观能动性不可忽视。提升当地居民的物种保护意识，就能够充分调动居民参与物种保护的主动性和自觉性，并从源头上抑制乱砍滥伐、偷猎盗猎等违法行为。

（2）建立了物种保护与改善当地经济的双赢模式。社区参与有助于当地居民放弃原有的粗放的生产生活方式，开展替代生计，增加收入，从而促进物种保护的可持续性。

（3）政府主导、公众参与的方式提高了保护效果。政府和相关组织发起的自上而下的行动与社区居民发起的自下而上的行动相结合，才是提高物种保护成效的重要手段。

适用范围

国内外需要保护濒危物种的保护地管理机构和社区；国内外有志于支持社区保护的公益组织和社会团体。

（冯瑾）

【案例 3-2】

地方环保组织联合各方全方位保护斑头雁

　　民间环保社团一直是中国濒危珍稀物种保护的重要力量，在基层保护工作中具有不可或缺的作用。它能够作为联系政府、科研机构、企业和基层民众的纽带，将多方力量凝结起来，发挥出更加重要的作用。

案例描述 ————————————————————————————————————

　　奔德错切玛（班德湖），海拔 4 600 m，距离长江正源姜古迪如冰川 240 km，距离唐古拉山镇 30 km。虽然湖区面积仅 4.44 km²，却是斑头雁（*Anser indicus*）等多种迁徙鸟类重要的繁殖地。然而，由于斑头雁蛋曾经是当地一道特色菜品，每年有多达 2 000 枚被盗拣和破坏。

图 3-2-1　野生斑头雁（来源：绿色江河）

四川省绿色江河环境保护促进会（以下简称绿色江河），是经四川省环保局批准，在四川省民政厅正式注册的中国民间环保社团。从 2012 年开始，绿色江河从全国范围内招募志愿者进驻班德湖。在住帐篷、烧牛粪、凿冰取水的简陋生活条件下，开展田野调查和看守保护。

2013 年，绿色江河协助当地牧业队成立了环境保护组织——"班德湖牧人生态保护小组"，积极推动当地鸟类保护。通过生态保护小组给当地牧民普及鸟类保护知识，仅两年的时间，班德湖地区偷蛋的行为就基本绝迹。

图 3-2-2　班德湖牧人生态保护小组（来源：绿色江河）

绿色江河还与中国科学院西北高原生物研究所合作，共享观测数据与资料，学习最科学的保护与调研方法。经过多年的迭代与经验总结，从最简单的放置野外触发式摄像头、人工观测鸟的数量开始，引入和布设了 20 套高清云台摄像装备，可以不分昼夜、全方位记录湖中斑头雁的生活。同时，在多家专业企业的支持下，实现了监控信号的实时传输、远程控制与云存储，并成功使用太阳能为整套系统供电，逐渐减少和替代人工值守，最大限度地减少对鸟类栖息地的扰动，取得了更加丰富和连续的鸟类栖息影像资料。在技术条件允许之后，他们又与多家动物园以及媒体合作，尝试对斑头雁孵化的过程进行网络与卫星直播，大获成功。

图 3-2-3　信号实时传输与监控

　　经过 8 年的努力，绿色江河把生物多样性保护、科学调查、科学普及结合在一起，使班德湖地区的斑头雁数量从 2012 年的 1 178 只增长到目前的

3 196 只。再没人去偷斑头雁产的卵，人们捡到掉队的小斑头雁还会主动送到保护站。班德湖地区也因为良好的生态保护和较成熟的观测体系，呈现出完整的高原生态链和丰沛的生物多样性，斑头雁的科研价值以及对于生态系统的重要性都逐步显现。2019 年，绿色江河与牧民合作，寻求以法律方式推动建立"长江源班德湖公益保护地"，获得青海省格尔木市政府的全力支持。

成功经验

（1）与企业合作。与企业合作能够尽快完善班德湖的实时监测功能，推动保护工作朝着更加智能、高效的方向发展。

（2）与科研院所合作。与中国科学院西北高原生物研究所合作，通过数据共享和优化保护方法，取得双赢。

（3）与事业单位、媒体和当地居民合作。通过线上与线下结合的方式，利用媒体平台与多家动物园合作，成立环境保护组织"班德湖牧人生态保护小组"，运用多种方式科普宣传保护斑头雁这一物种的重要意义。

（4）与政府合作。与政府合作推动建立"长江源班德湖公益保护地"，明确其法律地位，纳入正规保护体系，确保其更加长远稳定地发展。

适用范围

生物多样性热点地区的综合保护与研究；需要保护濒危物种和旗舰物种的政府部门或保护地管理部门；公民生物多样性教育与当地社区动员等。

（邹玥屿　肖立）

【案例 3-3】

公众参与，多方联合，保护中国鲎

在自然保护中，公众既是基础，也是支持力量。非政府社会团体在其中担任着重要的参与者的角色，他们的参与能够为物种保护提供更多元的保护形式和更广泛的资金保证，是政府保护行动的有效补充。

案例描述

三棘鲎（*Tachypleus tridentatus*），也就是中国鲎，曾经遍布中国南方沿海地区，自浙江到海南都有数量巨大的野生中国鲎种群的分布。在最近几十年，却因为栖息地的丧失和人类的过度利用，中国鲎的数量急剧下降，2019 年 3 月，中国鲎正式被 IUCN 红色名录列为濒危物种。

广西生物多样性研究和保护协会（以下简称美境自然），是由广西从事生物多样性研究、保护和可持续利用的学者及保护工作者自愿发起成立的当地非政府社会团体，也是广西第一家专业从事生物多样性保护的社团组织。美境自然在 2014—2019 年广西北部湾鲎保护行动中提出了基于公众参与的多方联合保护行动模式。该模式通过非政府组织（NGO）发挥平台作用，推动公众参与，促成政府、科研机构、媒体、企业多方在北部湾的鲎保护领域的合作。

为了应对鲎及栖息地保护依据缺乏的问题，2014 年起美境自然通过与科研机构、学者合作制定科学的鲎及滨海栖息地调查方法，公开向社会招募志愿者，组织开展基于科学指导的公众参与式监测，获得广西北部湾 7 个调查点两种鲎种群及栖息地的数据。在长期监测过程中，他们一方面与当地的滨海湿地保护区、科研机构等保持紧密合作，另一方面，通过知识指导、调查实践、小额资金支持开展宣传活动、评估，并以陪伴成长的方式对广西 3 个沿海城市共 6 个当地保护志愿者团队进行能力培养。以基于科学指导的公众参与式监测为纽带，把在北部湾从事鲎保护的科研机构和公众力量联合在一起，直接响应当地的鲎保护需求。

图 3-3-1　公众参与滨海湿地科考行动（肖晓波　摄）

　　公众参与监测的数据显示，广西沿海城市的餐厅对中国鲎的消费是导致成年中国鲎数量减少的重要原因。基于此，自 2016 年起，美境自然联合当地政府渔政、工商、旅游等多部门及媒体、企业等，开展了针对餐厅和消费者的"不吃鲎"消费倡导行动。行动包括：①通过媒体如纸媒、多媒体进行科普宣传报道；②联合工商部门向餐厅投放鲎保护宣传海报；③联合旅游企业向游客发起保护鲎、不吃鲎等倡议，并在旅游大巴上循环播放北部湾生物多样性的介绍短片；④派遣民间机构组织志愿者到旅游区向消费者开展宣传科普。2017 年，"不吃鲎"消费倡导行动得到海峡两岸 200 余位海洋生物、湿地保护专家学者及有志于保护海洋的各界人士支持，他们联名向两岸餐饮业发出呼吁，恳请商家结盟，拒售、拒食中国鲎。这一倡议在福建、广西、海南等地得到上百家大型海鲜餐饮业主的响应。至 2019 年年末，"不吃鲎"消费倡导行动发布相关原创报道超过 30 篇，在广西发展了超过 110 家承诺不吃鲎的餐厅，中国鲎在北海市公开售卖现象几近消失。

　　2019 年 6 月，美境自然作为 IUCN 第四届国际鲎科学和保护研讨会的承办方之一，以座谈会、野外考察、鲎主题文创展等形式为多年来参与鲎保护研究和传播的部门、科研机构、团队和个人提供了交流平台。会议通过了"全球鲎保护北部湾宣言"（The Beibu Gulf Declaration），并确立了世界鲎日，为鲎保护树立了新的里程碑。

图 3-3-2　第四届国际鲎科学与保护研讨会（方晓淦　摄）

成功经验

（1）非政府社会团体是重要的地区物种保护力量。非政府社会团体通过参与调查了解物种及栖息地保护的重要性，产生了保护自然的责任感，成为当地的保护力量。

（2）非政府社会团体的保护行动能够满足政府渔政、工商、旅游等多部门在自然保护方面的需求。美境自然撬动各部门联合发起"不吃鲎"消费倡导行动，发挥多部门的主动性，使保护行动具有更广泛的社会影响力。

适用范围

国内外有志于从事物种保护的研究机构、非政府组织、基金会、社会团体、企业。

（邹玥屿　肖晓波）

【案例 3-4】

基于民众的受胁物种调查

随着经济高速发展，以受胁物种为代表的生物多样性空间分布和组成状况也发生了巨大的、快速的变化。准确了解各种状态与相应变化并提出合理的保护对策，依赖于高质量的科学数据。而高质量数据的收集与整理往往需要耗费大量时间和精力，仅靠主管部门和科学家团队是不够的。如何解决这一难题成为中国在生物多样性调查监测与评估中面临的一项挑战。

案例描述

中华秋沙鸭（*Mergus squamatus*）是国际濒危物种、国家一级保护动物，主要分布在东亚地区，长久以来缺少对其越冬分布情况的足够信息。为填补知识空白，中国观鸟组织联合行动平台（以下简称朱雀会）于 2014 年 12 月启动中华秋沙鸭越冬调查项目。至 2018 年 2 月，累计发动来自 100 多家观鸟会、社会团体、组织机构和群体的 2 000 余名观鸟爱好者和专业研究人员作为志愿者参与四次调查。调查范围涉及全国 25 个省、自治区和直辖市、164 个市县，覆盖六大水系（珠江、长江、淮河、黄河、海河、辽河），广泛搜集了中华秋沙鸭在越冬期的种群分布情况，除确定传统认知中中华秋沙鸭越冬的湖南、江西两省，还确认了大别山区和东秦岭地区是中华秋沙鸭的两大主要越冬区，同时识别了一批稳定的越冬地点，收获了大量环境信息和社会经济信息，为后续开展保护工作提供了基础依据。

2019 年年初，朱雀会又启动了针对国际易危物种、国家一级保护动物大鸨（*Otis tarda*）的越冬同步调查项目，以全面了解大鸨东方亚种的数量和分布，及其在各地受到的威胁情况，为后续设计专项保护措施提供依据。调查联合了来自 14 家观鸟组织的 38 支调查小组，于 2019 年 2 月 22 日至 3 月 3 日在已知有大鸨东部种群越冬信息的黄河各省区、华北及东北南部地区展开

53

调查，调查线路总行程约 8 000 km，150 多名志愿者参与，记录大鸨 1 620 只，并记录了其所遭受的主要威胁因子。第二轮调查于 2019 年年底至 2020 年年初开展。

表 3-4-1　2016—2017 年越冬季排名前 5 位省份的中华秋沙鸭数量

序号	省份	中华秋沙鸭数量/只			合计
		雄鸟	雌鸟	幼鸟	
1	湖北	109	135	2	246
2	河南	56	141	1	198
3	湖南	76	101	4	181
4	江西	93	87	0	180
5	安徽	57	78	1	136

图 3-4-1　在大别山区越冬的中华秋沙鸭（杜卿　摄）

这些调查的所有结果汇总至由朱雀会管理运营的中国观鸟记录中心数据库（http://www.birdreport.cn）。该数据库始建于 2002 年，目前已积累了由观鸟爱好者提交的有效观测记录近百万条。2019 年，朱雀会受中国环境科学研究院委托，对数据库内的数据进行校正、清洗、整理，获得国内 1 283 种鸟类的分布点以及基于 Maxent 模型的国内 1 110 种鸟类分布图，并通过多轮专家咨询校正获得其二值化分布图，为构建全国鸟类多样性评估指标体系、提出应对保护策略提供了依据。

成功经验

（1）民众积极参与观鸟监测，为监测数据提供有效补充。民众参与是推动生物多样性保护社会化的一种有益尝试。

（2）收集整理数据为国家提供技术支撑。朱雀会与中国环境科学研究院合作，对中国观鸟记录中心数据库数据进行整理，将数据直接应用于生态环境部下属的技术支撑部门，有助于推动相关层面的科学决策。

（3）首次实现了全国范围内观鸟志愿者的大规模协同合作。以朱雀会为纽带，实现了观鸟志愿者与专业学者的合作，调查成果具有较高学术水平，获得了相当准确的数据及大量地理信息、现场图片及访谈资料。

适用范围

国内外有志于保护濒危物种的社会团体、民间组织和个人；国内外开展生物多样性调查和监测的项目。

（邹玥屿　雷进宇　闻丞　钟嘉）

【案例 3-5】

基金会协助野生动物贸易执法工作

中国作为世界上生物多样性最丰富的国家之一，物种的濒危程度也在加剧，生物多样性面临诸多严重的威胁，部分物种受到的最大威胁为野生动物贸易。作为全球第三大非法贸易，野生动物贸易中细分领域的国际宠物类贸易较少开展调查，尤其是"异宠"领域，包括两栖类、爬行类、节肢动物类、软体动物类以及部分特殊的鸟类、哺乳类、鱼类等。在爬行类中，如睑虎属、棘蜥属等物种受国际宠物贸易的威胁极大，野生种群被大量捕捉，但该类野生动物的贸易调查难以获得政府资助，专项调查更是凤毛麟角。随着国内经济的发展，关注动物保护的基金会逐步开始成立，部分基金会对冷门的贸易调查也加以资助，在客观数据的基础上积极协调政府、公益团体、科研团体、市民等多方合作，来促进野生动物贸易执法工作。

案例描述

我国栖息着全球 18 种睑虎中的 11 种，绝大部分新发现的狭域分布种未列入动物保护名录。睑虎属物种为我国喀斯特地貌的代表性动物类群之一，其栖息环境特殊，迁徙扩散能力弱，是国内外异宠收集者的重要目标。其受国际宠物贸易威胁极大，野生种群被大量捕捉。

深圳市质兰公益基金会成立于 2018 年，是经深圳市民政局批准成立的非公募基金会，主要通过濒危物种保护推动绿色扶贫，聚焦非明星物种的保护。基金会的资助项目"国际宠物贸易受胁类群睑虎属 3 个中国特有种的保育生物学及核心贸易链研究"调查和梳理了睑虎的核心贸易链，并开展了网络贸易现象调查。集中关注 3 个近期新发现的种类：英德睑虎（*Goniurosaurus yingdeensis*）、蒲氏睑虎（*Goniurosaurus zhelongi*）、荔波睑虎（*Goniurosaurus liboensis*），项目组成员在广东和广西的 3 个国家级自然保护区内与本地技术人员一起，对 3 个前期中国特有种类的本地社区利用、贸易情况、是否有外来收购商等开展暗访。项目组根据前期调查结果，又在广州花地湾、香港花鸟街等重要中转地开展调查，尽力摸清其贸易种类、数量级别等。同时开展网络贸易调查，重点调查和梳理了国内外网上交易平台（如阿里巴巴、亚马逊等）、网络社区（如爬行天下，美国宠物论坛等）、相关微信群和 QQ 群的相关贸易情况。以研究报告、论文、照片集等形式，将获得的数据和素材交给林业管理部门使用，并开展相关的反非法贸易宣传和研讨会。

图 3-5-1　蒲氏睑虎（林石狮　摄）

成功经验 ···

（1）国内基金会逐步切入、细分薄弱领域的生物多样性保护工作。随着具有专业背景的人才进入公益领域，以及社会的关注度逐步增高，各个公益机构都开始逐步做出自身特色，补充了政府资金极少关注的薄弱领域，有力支持我国生物多样性保护工作。

（2）非明星物种通过基金项目逐步得到多个政府部门关注。通过质兰基金项目及相关宣传，环保系统、海关系统、市场管理系统均对睑虎的认识逐步加深，并有兴趣进一步开展工作。

（3）科普宣传效果良好。该类宠物贸易受害类群外形较为可爱，在科普宣传时受关注度高。

适用范围

从资助方角度出发，建议开展覆盖范围广、金额小的动植物保育类项目，有效保护更多的类群；经验和方法适用于开展野生动物贸易调查，尤其是宠物类贸易调查；项目开展形式可为其他极小种群、区域特有种群、狭域分布种群等的保护提供参考。

（林石狮）

【案例 3-6】

扶绥县中东金花茶保护小区助力极小种群保护

生物多样性和生态系统服务政府间科学政策平台发布的全球评估报告认为，当前全世界的"物种灭绝速率"是"史无前例"的，全球野生动植物的生存空间受到不断挤压，濒危物种数量急剧上升。极小种群物种是濒危物种里情况最为严重的，因分布地域狭窄或呈间断分布，长期受到外界因素胁迫干扰，种群退化和数量持续减少，已接近难以维持正常繁殖的数量。中国政府与民间团体、科研机构、非政府组织、社区组织、志愿者等多元化社会群体在极小种群保护方面做了广泛尝试，取得了丰硕成果。

案例描述

金花茶（*Camellia nitidissima*），山茶科山茶属，具有金黄色花瓣。金花茶于 1933 年在广西防城县大菉乡阿泄隘首次发现，1965 年首次命名为"金花茶"，是中国特有的传统名花，也是世界性的名贵观赏植物，有 200 多种，属《濒危野生动植物种国际贸易公约》（CITES）附录 II 中的植物种，被列为中国一级保护植物，誉为"植物界大熊猫"。金花茶主要分布在广西防城港、东兴、隆安、邕宁、扶绥、龙州、南宁等地，是广西特有花卉，广西也因此被称为"金花茶的故乡"。1984 年，广西防城港建立了世界上唯一的金花茶自然保护区。扶绥县主要分布的资源为中东金花茶（*Camellia achrysantha*），扶绥县中东金花茶保护小区位于陇茗屯后山中下部，面积约 20 hm²，平均 10 株/亩，截至 2008 年共有植株约 3 000 株，均高 1.0～1.5 m，长势良好。当地居民均为壮族，以农业生产为主要经济来源，主要种植甘蔗、水稻、花生等农作物。

扶绥县中东金花茶保护小区主要采取就地保护形式，经过"中欧生物多样性项目"的规划，建立"中华金花茶保护小区参与式乡村"，由陇茗屯村民大会选举护林员，成立长期护林队伍。护林队由 2～3 名陇茗屯村民护林员组成，分上午、下午两次巡山。

图 3-6-1　陇茗屯中华金花茶保护小区与边界的示意牌（孟锐　摄）

护林队发现偷砍山林行为及盗挖金花茶、盆景等破坏活动立即予以制止并举报。同时，为防止当地村民从事的农业耕种和水果种植对金花茶产生不利影响，扶绥县中华金茶花保护小区协助当地村民将金花茶极小种群的保护守则列入陇茗屯的《村规民约》。由于护林队的成立和《村规民约》的约束，当地的中华金花茶资源生长环境才得以免受居民生产生活的干扰。

成功经验

（1）成立保护小区是极小物种保护的范例。因金花茶所在区域较为窄小，植株数量有限，并与当地居民的生产耕种区域部分重合，相对于保护区而言成立保护小区的保护成效更为突出。

（2）国际项目为物种保护提供支持。中欧生物多样性项目协助村民成立护林队，将金花茶保护纳入《村规民约》，针对当地居民普及宣传金花茶的重要价值，提升了当地村民的保护意识。

适用范围

国内外极小种群分布范围相对集中，分布区与当地居民生产生活重合的地区。

（孟锐　张丽荣）

【案例 3-7】

山西省多方联动解决人豹冲突

随着社会发展，人类活动场所不断扩张并逐渐与动物的栖息地重合，出现了人兽争夺空间的现象，冲突不断加剧，多种濒危物种和它们的栖息地在人兽冲突下逐渐消失，人类伤亡也屡见不鲜。如何使用科学的方法，在有效保护濒危物种和保障它们生存空间的同时，促进当地居民提升物种保护意识，改变落后的粗放型生产方式是我们必须要思考的问题。

案例描述

21 世纪初，山西省和顺县的民间志愿者自发地进行对豹的保护宣传工作。2011 年年初，在北京师范大学的参与和当地县、乡政府及林业部门的支持下，由志愿者和商业公司组织的针对豹分布、数量以及人兽冲突的相关调查开始在和顺县开展。经过几年的野外监测和社区调查，调查组大致识别出当地豹种群的分布范围、种群数量以及人兽冲突的频次和损失规模，并在这些调查研究的基础上开始了人兽冲突缓解以及生物多样性保护工作的尝试。

目前和顺县已经建立起在县政府领导下，由科研院校、林业部门、公安部门、农村社区、环保机构、当地志愿者共同参与的生物多样性监测保护、人兽冲突缓解的工作网络。该工作网络针对和顺县林区的野生动物开展长期监测，掌握野生动物种群的变化趋势，对人为干扰进行评估与预警，及时制止盗猎、盗伐等破坏生物多样性的活动。和顺县当地的华北豹种群总体保持稳定（2019 年监测记录华北豹定居个体数量 17 只，非定居个体和幼崽数量大于 20 只），繁殖情况良好（2016—2019 年共记录到 10 只雌豹发生 15 次繁殖记录）。华北豹的主要猎物，如狍、野猪、野兔等也都呈现出相对稳定的态势。

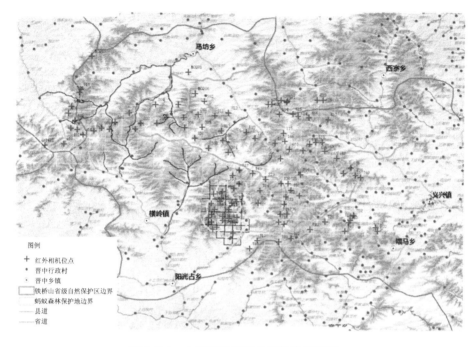

图 3-7-1 山西省和顺县的野外监测网络

和顺县公益保护地占地 26 km², 被纳入由支付宝于 2016 年 8 月发起的线上绿色公益平台"蚂蚁森林"公益保护地体系。民间环保资金的进入使得保护项目不但能够充分吸收农村社区居民参与到保护工作中来, 为其提供收入, 并且能够扶持当地的生态友好型企业, 在促进扶贫的同时还能够使其回馈当地的生物多样性保护。

在人兽冲突缓解方面, 针对豹袭击牛导致的人豹冲突, 采取社会机构协助调查、政府拨款进行补偿的生态补偿机制; 针对野猪破坏庄稼的情况, 采取社会机构筹资采购防御设备 (警告灯、充电喇叭等)、社区自发参与驱赶野猪的方法。这些措施的实施, 很大程度上预防了人们的报复性猎杀行为。

成功经验

(1) 本项目是一个典型的政府与民间力量通力合作、联合保护、共享资源的范例。山西和顺华北豹保护项目是一个由社会机构发起和推动、政府参与并主导、用科学手段来保护区域生物多样性的示范项目。

（2）线上线下联动，民间资金的流入缓解了物种保护的压力。

（3）山西和顺华北豹保护是一个在中国东部人口稠密区的典型的生物多样性保护案例。不同于西部低人口密度区域的环境压力，该项目面临的保护问题如人为干扰度高、栖息地破碎化等为中国东部很多地区所共有，有很强的代表意义。

（4）该项目的保护工作区域大多位于保护地范围之外，地方政府、保护区、社会机构形成了良好的合作态势，使得保护区域能够填补保护地体系的空白。

适用范围

广泛适用于各种陆地生态系统的生物多样性保护地区，特别是在人为干扰度高、国家保护地体系不足以覆盖野生动物的活动区域的地方；地方政府、林业部门和社会机构及乡村社区需要构建起一套行之有效的保护体系的地区。

（邹玥屿　宋大昭　刘炎林　刘蓓蓓　王一晴等）

【案例 3-8】

国际合作保护亚洲象

中国幅员辽阔，陆地接壤的邻国众多，是世界上陆地边界线最长、边界情况最复杂的国家之一。在边境分布的大量动物的远距离迁徙，会穿梭于边境线两侧的领土之间，这为动物保护工作带来了一定的难度。如何在保证物种的完整生活圈的基础上，有效进行保护工作，让迁徙动物种群不被国界分割，是边境地区政府与研究机构面临的一大难题。

为解决这一问题，不少地区由政府牵头开展了跨国合作。

案例描述

亚洲象被 IUCN 列为濒危物种，中国现仅存 250 余头，主要分布于云南西双版纳，其中勐腊和尚勇两个自然保护区都与老挝接壤，保护区内边境线长约 100 km。亚洲象习惯游荡觅食，活动范围广，每日可移行几十千米，需要在西双版纳与老挝南塔省的南木哈保护区之间频繁往来，然而由于部分边境护栏的阻挡以及当地居民的开垦，数量本就不多的亚洲象被破碎的保护区生境割裂成分散的小种群。同时，由于老挝不同的法律体系，与西双版纳交界处的老挝村民依然保留着狩猎与砍伐森林的习惯，使得部分在中国受到保护的亚洲象迁徙至老挝后因人象冲突而被猎杀。为了能够更有效地进行亚洲象保护工作，中国联合老挝开启了合作。

2009 年，在西双版纳景洪市举行的"中老跨境保护第四次交流年会"上，西双版纳国家级自然保护区管理局与老挝南塔省林业厅签署了合作协议，并正式确定了共同建设"中国西双版纳尚勇—老挝南塔南木哈联合保护区域"。根据协议，联合保护区包括了我国尚勇保护区面积 31 300 hm^2 和老挝南木哈国家级自然保护区面积 23 400 hm^2。中老双方展开了多方面的合作，包括为联合保护区域的双方工作人员提供必要的技术、技能培训，加强两国边民交流互访、加强村民保护意识，开展人象冲突研究、探寻人象冲突的解决措施和缓解办法，进行村寨社会经济调查和生物多样性调查，联合巡护和资源监测，开展资源保护意识宣教活动，建立联合保护区域地理信息系统等。

　　随着合作的顺利进行，在 2012 年，中老边境新增了三片联合保护区域。自此，中老双方共同建设成了一片长约 220 km，面积约 20 万 hm² 的跨境联合保护区域，该区域南起老挝南塔省南木哈国家级自然保护区，北至中国西双版纳国家级自然保护区勐腊子保护区，让过去破碎化的栖息地连接了起来，为亚洲象的远途迁徙、小种群之间的基因交流提供了完备保障。

图 3-8-1　亚洲象（边福强　摄）

从合作至今，中老双方保护部门每年都会定期开展联合野生动物巡护和物种监测，并举办"中老跨境生物多样性联合保护交流年会"，总结和巩固年度项目成果，提升双边保护管理水平，树立物种保护无国界意识，为双方长远保护合作搭建了友好平台。经过多年的共同努力，联合保护区域内枪支、猎具明显减少，林地和防火管理也有条不紊，亚洲象等珍稀濒危物种及其栖息地得到了有效保护。

成功经验

（1）跨国界的物种保护协议的签订，使得边界区域的物种保护不再是单边的独立的保护工作，保证了物种保护方案实施的有效性。

（2）跨国界自然保护区的建设使得自然保护区不再被人为划分的行政界线所分割，而成为自然的、更适合动物生存的完整的栖息地。动物在连通的栖息地中更容易与其他种群进行基因交流，从而保证物种的基因多样性与活力。

（3）在跨国界自然保护区内通过两国之间的合作进行保护工作，让物种保护与监测更加全面、系统。

适用范围

中国众多与邻国接壤，并有物种保护需求的省市或保护区；有跨国界物种保护需求的其他国家。

（施诗）

第 4 章

创新与实践

　　中国物种保护工作者在濒危物种保护实践中，因地制宜，根据受保护物种自身特点和物种生境的特点研发了很多创新的保护措施与模式，在实践中取得了理想的效果，拓展了物种保护的思路，丰富了物种保护的技术和方法，可为其他国家提供借鉴。

【案例 4-1】

麋鹿多点迁地保护——恢复濒危种群的新途径

迁地保护是拯救濒临灭绝的物种的重要手段，在繁育获得成功后，如何高效野化，并确保物种在后续生存与扩张的过程中逐步提高种群的遗传多样性，是迁地保护中需要思考的问题。

案例描述 ....

麋鹿（*Elaphurus davidianus*）是东亚地区特有的物种，在公元前约 1600—256 年，由于人类生产活动的频繁和猎杀行为的加剧，麋鹿个体数量急剧减少。到 19 世纪下半叶，麋鹿已经仅存于清朝皇家狩猎围场中。1865 年，法国传教士 David 发现了北京南海子皇家狩猎苑中的麋鹿，并确认其为独立的属，后由西方殖民者带到欧洲动物园中加以饲养。1900 年，八国联军侵华战争时期，南海子麋鹿被捕杀一空。1985 年，中国与英国政府启动了麋鹿引进项目，38 只麋鹿被引进到"祖居之地"——北京南海子麋鹿苑。北京南海子作为麋鹿的祖居地和本土灭绝地，被直接选为重新引入地。但现今麋鹿苑的面积仅相当于历史上最大时期的 3%，过小的面积限制了苑中麋鹿重归野性的进程，所以麋鹿保护人员多年来在全国多地开展了麋鹿野生投放活动。

截至 2015 年，全国已建立各类迁地种群 72 处，种群数量共 4 956 只。其中，由北京南海子麋鹿苑迁出并建立的迁地种群 31 处，种群数量达 1 159 只；由江苏大丰建立的迁地种群 13 处，种群数量 3 106 只；由动物园之间相互迁地输出建立的迁地种群 28 处，种群数量 691 只。随着时间的迁移，由于多点迁地保护造成的麋鹿种群所处生态环境的差异，麋鹿会逐渐衍生出不同亚种，有利于麋鹿的基因优化，防止近缘交配，促进麋鹿早日重归野生状态。

每一个麋鹿迁入地点的确定，都经历了长期、慎重的科学考察。

首先，麋鹿迁入地的选择经历了详细的适应性考察与调研。投放前需要提前对迁入地进行详细的水文、地貌、气候、植被环境的考察与调研，以确保迁入地适宜麋鹿种群的野生生存与繁衍。

其次，麋鹿迁入初期需要经过预先投放实验。在大规模野放迁入地之前，科研人员于 2013 年在鄱阳湖国家湿地公园预先投放了 10 只麋鹿进行小规模的适应性试验。在此期间，科研人员对 10 只小规模种群的繁衍能力、生存状态、健康指标等进行了 5 年连续不断的监测。

最后，麋鹿迁入后需要定期回访与持续调查。经过预先投放实验，继 2013 年输送 10 头麋鹿后，2017 年 10 月，北京麋鹿生态实验中心再次输送 30 头麋鹿到鄱阳湖国家湿地公园。此后 5～10 年，鄱阳湖计划每年野放一批麋鹿，逐步建立野生麋鹿种群。经过科研人员定期的回访与长期持续的调查，麋鹿个体具备较好的体态与发育程度，与北京南海子麋鹿苑的种群个体比较，明显具备更加健康的发育状态。以鄱阳湖地区迁地保护为代表的麋鹿多点迁地取得了显著成效。中国迁地保护成功的麋鹿数量已达 7 000 余只。

图 4-1-1 麋鹿（张凤春 摄）

麋鹿在中国已消失了一个多世纪，随着多地的持续引进与种群恢复，目前国内已经形成了江苏大丰、北京南海子、湖北天鹅洲三大种群栖息地，共30 余个迁地保护种群。中国麋鹿的多点迁移成为迁地保护的成功案例。

成功经验

（1）开发了重新引入物种的恢复方法。通过重新引入地的选择、驯化、野化、野外投放、跟踪监测等方法，成功使麋鹿从灭绝到现存总数达到 7 000 余只，为国家间物种保护合作树立了典范。

（2）多点迁入，科学保护。麋鹿多点投放形成 30 多个种群，有效缓解了麋鹿种群近亲交配等问题，使麋鹿种群向着更优的方向繁衍与扩张。

适用范围

本地物种灭绝需要从外部重新引入物种保护的国家和地区；需要协助其他国家进行物种迁地保护的国家和地区；开展濒危物种迁地保护与野外投放活动的机构。

（冯瑾）

【案例 4-2】

地理标志助力区域特有物种保护

农业生物遗传资源是生物多样性的重要组成部分，也是重要的物种资源，关系到国计民生，但许多区域的畜禽生物产品由于缺少相关认证与规范化管理，正在逐渐消失。如何保护、管理以及宣传这些物种产品，进而保护这些物种承载的生物资源，是畜禽生物资源保护的重要课题。

案例描述

地理标志是世界贸易组织（WTO）与《与贸易有关的知识产权协议》（TRIPs）规定的其中独立的知识产权之一。地理标志产品指产自特定地域，所具有的质量、声誉或其他特性取决于该产地的自然因素和人文因素，经审核批准以地理名称进行命名的产品，并进行地域专利保护。申请地理标志保护的产品应当符合安全、卫生、环保的要求，对环境、生态、资源可能产生危害的产品不予受理和保护。地理标志产品的产地范围、原材料、数量、使用情况、生产环境等都有专业的部门监督管理。畜禽产品若要获得地理标志必须经过严格的审核并制定严格的管理规定，否则将会撤销生产者使用已获准地理标志产品专用标志的资格。获得地理标志认证的产品受中国法律保护。

武陵山片区畜牧产品获原国家质检总局保护的地理标志产品共有 12 种，获原国家工商总局注册的地理标志商标有 35 件，获原农业部登记的农产品地理标志有 7 种。获得地理标志的生物资源的知名度和认可度大大增加，受到政府、农民，尤其是贫困地区的广泛关注，使原产地在保护畜禽生物遗传资源、转变原有的粗放式管理方法的同时，也推动了畜禽生物遗传资源相关的传统知识的传承。

表 4-2-1 武陵山片区畜禽地理标志

地理标志	获批单位	生物资源
地理标志产品	原国家质检总局	恩施黑猪肉、江口萝卜猪、恩施黄牛肉、新晃黄牛肉、石门马头山羊、务川白山羊、石门土鸡、景阳鸡、芷江鸭、溆浦鹅、武冈卤铜鹅、宣恩火腿
地理标志商标	原国家工商总局	湘西黑猪、江口萝卜猪、大合坪黑猪、湘西黄牛、新晃黄牛、思南黄牛、彭水山地黄牛、宜昌白山羊、彭水黑山羊、武隆板角山羊、沿河山羊、宜昌路山羊板皮、酉州乌羊、石柱长毛兔、彭水苗家土鸡、秀山土鸡、芷江鸭、芷江绿壳鸡蛋、麻旺鸭、凤凰血粑鸭、麻阳白鹅、武冈铜鹅、彭水七跃山蜂蜜、白马蜂蜜、酉阳蜂蜜
农产品地理标志	原农业部	黔北黑猪、浦市铁骨猪、湘西黄牛、宜昌白山羊、沿河白山羊、洪江雪峰乌骨鸡、白马蜂蜜

成功经验

（1）地理标志可提高原产地畜禽生物资源的知名度，使其在市场上更有竞争力，也提高了农民人工养殖畜禽的积极性，保护了与人类生产生活紧密相关的物种。

（2）地理标志申请有利于保护物种所在栖息地。因为地理标志申请具有严格的审批流程，对物种生长环境具有特殊要求，可有效促进栖息地及物种原产地的保护与生物资源的可持续利用。

适用范围

地理标志促进生物多样性保护的方法在地理上适用于生物产品的原产地，通过规范化管理，已被人类开发利用的物种资源及其承载的非物质文化遗产可得以保护与传承。

（李若溪　陈晨）

75

【案例 4-3】

挂牌认养专人管理
——云南腾冲江东银杏村古树保护模式

极小种群物种是濒危物种里情况最为严重的种类，政府投入不足、保护力量分散、公众生物多样性保护意识较差等因素是全球极小种群物种保护面临的共同困境，极小种群保护作为一项长期艰巨的工作，亟须创新保护思路。中国云南腾冲江东银杏村古树保护模式实践了极小种群物种的"就地保护"，拓展了"保护小区"在极小种群就地保护中的作用，采取的古树名木认养措施成为极小种群物种保护的新路径之一。

案例描述

银杏（*Ginkgo biloba*）是国家一级保护植物，被称为古生物"活化石"，是健康长寿、幸福吉祥、万物调和的象征。江东古银杏村位于云南腾冲县固东镇东南角，距镇政府驻地约 7 km，村中共分布有古银杏树 3 000 余棵，其中，树龄在 500 年以上的有 50 余棵，400 年以上的 70 余棵，200～300 年的 150 余棵，30 年以上的 600 余棵，20 年以上的有 2 100 余棵。此外还有中幼林 1 000 亩，约 33 000 棵。

江东银杏村内古银杏树数量众多，大多数生长于当地村民自家院落之中。经过调查发现，当地主要采取了专人认养、专人管理的方式，对百年以上的古树进行挂牌编号管理，牌上详细记录银杏古树的树龄、户主、生长情况、生长坐标、保护级别和保护人等信息。户主为古树所有人，负责古树的日常维护和保护，保护人则为古树认养者，为养护支付相关费用。古树死亡或受损的责任由两者共同承担。当地村民收集自家院中的银杏果，一部分用来繁殖种苗，一部分用来销售，售卖银杏果也是当地村民的一项重要收入，因此对银杏的保护和管理也非常尽心尽力。江东银杏村的古银杏生长至今仍非常健康，开花结果，硕果累累，极少受到病虫害的侵扰。

图 4-3-1　村中挂牌养护的古银杏树（孟锐　摄）

成功经验

（1）古树挂牌认养拓宽了古树保护资金支持渠道。这种方式大大缓解了保护古银杏的资金压力，也提高了更多认领人的保护自觉性。

（2）该案例是践行"绿水青山就是金山银山"的成功案例。银杏果售卖是当地的重要收入，激发了当地人民保护古银杏的积极性，实现了物种保护与可持续利用的良性循环。

适用范围

适用于古树名木散落于乡村和传统民居，物种生境与人类生产生活息息相关的地区。

（孟锐　张丽荣）

【案例 4-4】

就地与迁地保护相结合的海南坡鹿保护模式

生物多样性是地球生命经过几十亿年发展进化的结果，是人类赖以生存的物质基础。然而，随着人口的迅速增长，人类活动的不断加剧，作为人类生存最为重要基础的生物多样性受到了严重威胁。根据世界自然保护联盟的统计，2010—2020 年，一共有 467 个物种被宣告灭绝。此外，幸存生物也多数或濒临灭绝，或种群数量急剧减少。如何根据当地情况，因地制宜地创新保护模式是当今物种保护工作者需要深入探索的问题。

案例描述

海南省是我国唯一的热带岛屿省份,拥有 3.54 万 km^2 的陆域和约 200 万 km^2 的海域，气候条件优越，是我国生物多样性的天然宝库，也是我国乃至世界的天然基因库，有着重要的保护价值。海南省的陆地生态系统和海岛与海洋生态系统以其热带性、特有性和完整性，在全国乃至全世界都占有重要位置。

海南坡鹿（*Cervus eldii hainanus*）与恒河泽鹿（*Rucervus duvaucelii branderi*）同属，外形与梅花鹿（*Cervus nippon*）相似，但体形较小，花斑较少。毛被黄棕、红棕或棕褐色，背中线黑褐色，背脊两侧各有一列白色斑点。坡鹿喜食青草和嫩树枝叶，为草食性动物。栖息在丘陵草坡地带，分布于东南亚及中国的海南岛，为国家一级保护动物。海南坡鹿主要活动在低海拔稀树草原地区，由于近几十年的农业开发等活动，海南坡鹿的栖息地受到挤压，一方面海南坡鹿偷食农作物，造成人鹿对立；另一方面，海南坡鹿药用、食用价值较高，偷猎、盗猎时有发生，导致海南坡鹿数量急剧下降。截至 1976 年，海南全岛剩余坡鹿数量仅为 46 头。

为恢复海南坡鹿的种群数量，1986 年海南省建立了海南大田国家级自然保护区，开展海南坡鹿就地保护行动。鉴于海南坡鹿与其他鹿科动物一样，有舔食盐土的习惯，保护区管委会专门在保护区内设置了 7 处人工盐场为海南坡鹿补充微量元素。保护区管委会还实施了约 3 km² 的围栏工程，以避免保护区周边家畜对海南坡鹿种群的干扰，海南坡鹿食源植物得到恢复，栖息地得到明显改善。针对海南岛西部旱季时间长，坡鹿饮水困难和食源植物枯萎的问题，保护区建了 5 个蓄水池，采用火烧更新植被的方法促进了植物萌蘖，有效保障了海南坡鹿水源食源，还在周边社区进行相关宣传教育及知识普及，海南坡鹿的种群数量得以迅速恢复。

在大田国家级自然保护区就地保护的基础上，海南省林业主管部门用野放、半野放和圈养的方式对海南坡鹿进行迁地保护，将海南坡鹿种群迁至猕猴岭、保梅岭、赤好岭、文昌保护站、枫木鹿场等保护点。1986 年海南坡鹿数量为 151 头，1989 年达到 246 头，2000 年为 864 头，2002 年超过 1 000 头，2005 年达到 1 600 多头，2007 年增加至 1 785 头，海南坡鹿种群已经达到相对稳定的阶段，暂时摆脱灭绝危险。2018 年，海南全省坡鹿已经转至猕猴岭、文昌等多个保护站进行保育。

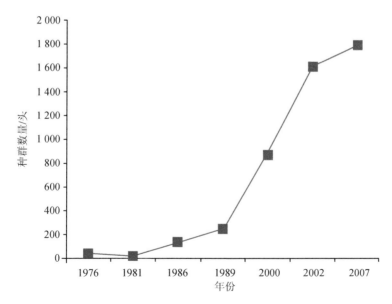

图 4-4-1　海南坡鹿种群数量变化

表 4-4-1　海南省坡鹿迁地保护点

地点	位置	迁入年度	迁入数量/头
邦溪保护区	白沙县	1990—1992 年	18
枫木鹿场	屯昌县	1994 年	10
上海野生动物园	上海市	1995 年	10
东山湖野生动物园	琼山市	1996 年	15
甘什岭保护区	三亚市	1997 年	20
金牛岭公园	海口市	1997 年	4
文昌坡鹿保护站	文昌县	1999—2000 年	22
广州动物园	广州市	2000 年	2
猕猴岭坡鹿保护站	东方市	2003—2005 年	300
保梅岭林场	昌江县	2005 年	49
赤好岭坡鹿保护站	东方市	2005 年	139

成功经验

（1）就地保护与迁地保护相结合。就地保护改善了坡鹿种群濒危的现状，迁地保护作为辅助措施，加速了种群的恢复。

（2）开展保护区周边社区的宣传教育工作。事实证明，自然保护区有效的运转和管理离不开周边社区群众的理解和支持，该保护区对周边社区进行宣传教育，抓住了坡鹿保护的关键之一。

（3）根据保护对象的特点进行适当的人工干预。保护区根据坡鹿的生理特性和生活习性，专门设置了人工盐场、修建了蓄水池，并采取了人工促进植被恢复的措施。

适用范围

国内外保护珍稀濒危物种的保护站及自然保护区等。

（张丽荣　潘哲　公滨南）

【案例 4-5】

自然保护区推动生物多样性保护与社区经济发展双赢

物种保护和消除贫困都是全球关注的热点问题，实现生物多样性保护与社区经济发展的协同增效是中国政府面临的重要挑战。中国与世界上很多地区一样，生物多样性丰富区域和经济欠发达地区的分布高度重合，如何有效解决生物多样性保护和经济发展的矛盾，实现二者的双赢，是中国政府正在努力解决的议题之一。

案例描述

贵州赤水桫椤自然保护区始建于 1984 年，1992 年经国务院批准成为国家级自然保护区，总面积约 13 300 hm^2。该自然保护区以桫椤（*Alsophila spinulosa*）、小黄花茶（*Camellia luteoflora*）及其生境为主要保护对象。保护区内包括暖性针叶林、落叶阔叶林、常绿阔叶林、竹林等 7 个植被类型，8 个植被亚型，19 个群系组和 37 个群系。保护区内有维管植物 2 016 种，脊椎动物 306 种，其中鱼类 10 种，两栖类 23 种，爬行动物 33 种，鸟类 180 种，兽类 60 种。保护区地跨三镇两场 7 个自然村 9 个村民组，区内有农户 110 户共 440 人，耕地 2 000 多亩，区内农户主要从事传统农业、养殖业和外出务工。自然保护区在实施生物多样性有效保护的同时，还将如何促进周边社区的经济增长和可持续发展，提高居民的生物多样性保护意识等作为重要工作内容。

自然保护区积极探索和实践物种保护与社区发展协同推进的模式。自 2012 年开始，支持社区推广石斛（*Dendrobium nobile*）、杨梅（*Myrica rubra*）种植和养蜂等产业，并以此带动自然保护区周边低收入人群增收。

自然保护区支持周边社区建设科学养蜂示范基地，养殖规模达80群。通过基地的示范效应带领更多农户进行科学养蜂。由于养蜂业吸引了大量的劳动力，也改变了当地传统的高度依赖自然资源的生产生活方式，从而大大减轻了对自然资源和自然保护区的压力，自然保护区的保护成效也得以大幅提升。科学养蜂项目实施至今，各地到示范基地参观学习、接受科学养蜂培训的人员达到900多人次，自然保护区及周边地区已有90多户农户开始按照科学养蜂方式进行饲养，其中有37户养蜂户自发成立了养蜂专业合作社。

贵州赤水桫椤国家级自然保护区管理局成立了保护区社区专业互助与生物多样性保护促进会，开发了能够解决当地物种保护与经济发展冲突的"桫椤模式"。

"桫椤模式"使当地社区经济发展得到显著提高，扶持的种养殖户年均收入增加20%以上。截至2018年，贵州赤水桫椤国家级自然保护区管理局帮助多个贫困户成为赤水市"脱贫标兵"。在收获良好经济效益的基础上，通过保护区工作人员的积极宣传与教育，周边社区逐渐形成保护生物多样性的意识，树立了"保护一草一木，就是保护自己利益"的思想。

图 4-5-1　"桫椤模式"（赤水桫椤国家级自然保护区管理局　摄）

成功经验

（1）自然保护区把改善周边居民生计、解决周边社区民生问题当作重要工作内容。实践证明，这也是提升自然保护区保护成效的重要途径。

（2）注重居民保护意识的提升。在帮助周边社区居民转变经营方式、提高经济收入的同时，注重居民生物多样性保护意识的提升，从根本上解决了自然保护区保护与周边社区发展的矛盾。

适用范围

国内外存在自然保护区保护行动与当地经济发展矛盾的地区；其他由于当地居民严重依赖自然资源而导致生物多样性丧失或生态系统服务性能下降的地区。

（梁盛　张静　张丽荣　公滨南）

【案例 4-6】

改善生境　引鸟落地

在具体的城市生物多样性保护工作中，相比提高植物多样性，动物多样性的保护及提升工作因其不确定性、工程花费、效果的可见性等多个因素时常被忽视。如何筛选、加入改善生境的引鸟植物，建设有益于鸟类栖息的"生境廊道"以保护鸟类多样性是一个具有现实意义的研究课题。

案例描述

深圳梅林公园、仙湖植物园、园博园和莲花山公园利用引鸟植物改善叉尾太阳鸟（*Aethopyga christinae*）生境，推动叉尾太阳鸟的保护工作。

首先，开展深圳市鸟类调查，在所有的类群中确定在第一阶段以食蜜鸟类——叉尾太阳鸟为主要吸引对象。叉尾太阳鸟色彩鲜艳，具有"悬停吸蜜"行为特征，鸣叫声清亮，已小规模活动于多个城市公园中。结合生长速度、管护技术难度、花量、花蜜量、颜色等多个因素考虑，选择在食源较少的冬季开花、利于观察、密集开花且为红色的花的灌木——冬红（*Holmskioldia sanguinea*）为引鸟植物。

图 4-6-1　叉尾太阳鸟悬停取食（林石狮　摄）

2010 年，梅林公园试种了 5 棵冬红，覆盖面积约 20 m^2，研究人员发现鸟类在冬季聚集于此。2012 年又加种 50 棵冬红，并在道路边加种 2 棵桂花和 1 棵曼陀罗，具有一定的遮挡和芳香效果，遮挡面积约 50 m^2，鸟类聚集明显。2013 年建立水泥棚架并悬挂部分枝条，并在水泥棚架前摆放 4 块景石，形成一定阻挡，覆盖面积约 150 m^2，部分段形成"瀑布"效果。该区域因为利于定点拍摄，极受摄影人士欢迎。2015 年继续加强抚育冬红，同时修剪遮挡小路的枝条，覆盖面积约 400 m^2，梅林公园成为人们观鸟、摄影的热门地。

冬红对叉尾太阳鸟最具吸引力，同时也吸引暗绿绣眼鸟（*Zosterops japonicus*）、朱背啄花鸟（*Dicaeum cruentatum*）、红胸啄花鸟（*Dicaeum ignipectus*）前来取食其花蜜。通过长期定点观察，发现叉尾太阳鸟、暗绿绣眼鸟到访频率极高，盛花期基本保证每 5 分钟都可呈现鸟类取食、跳跃的生态景观。冬红可有效提供华南区缺乏的冬季及早春花蜜食源，且其花期正值叉尾太阳鸟、暗绿绣眼鸟等鸟类的求偶、繁殖期。在 1—2 月的观测期间能听到雄鸟站立在树枝上求偶鸣唱，这说明该食源对鸟类繁殖期的能量供给有重要意义。大片的"瀑布状"的冬红花本身也吸引了大量游客，其次鸟类的活动、

图 4-6-2　摄影人群聚集（林石狮　摄）

鸣叫亦能明显提升整体景观，当叉尾太阳鸟在空中悬停吸取花蜜时，游客惊呼"蜂鸟"的声音不绝于耳。摄影师在进行鸟类观察和拍照时也会吸引大量市民围观、议论，有助于科普宣传。

野生鸟类多样性在城市生态系统的重要意义，一方面可促进形成复杂的食物链及食物网，防治城市中多发的园林虫害，改善城市生态系统的质量，显著提升城市生态园林的生态效益及经济效益；另一方面，通过部分观赏鸟类所展示的多种声、色效果，并配以科普宣传，为市民及游人提供感官上的愉悦，形成丰富多彩的游览体验，为当地带来了社会和经济效益。

成功经验

（1）可操作性强、成本低的现有城市绿地改造方式。由于政府投入少，城市建成区的绿地一般不适合做大规模的生境改造。因此这类快速而小面积的改造方式适合运用到鸟类保护工作中。

（2）可补充城市鸟类食源不足的困境。本案例中冬红冬季和繁殖期开花更有助于鸟类过冬。

（3）科普宣传效果良好。可形成自然摄影和游客互动参与的热点，结合相应科普设计有很好的宣传效果和社会意义。

（4）对政府的多个部门具有吸引力。除环保、林业系统外，该类能对市民有积极宣传教育效果的改造对城建、规划乃至宣传部门都有吸引力，在获得预算方面有一定优势，可加强城市鸟类保护工作的落地性。

适用范围

可用于传统及新兴的多个城市群区域，适宜对现有的传统绿地进行升级改造；也适用于部分生态公益林、森林公园的生态改造建设。

（林石狮）

【案例 4-7】

中华凤头燕鸥的人工招引和种群恢复

随着科技的进步，近海和远洋渔业得以飞速发展。而人类在海洋的活动也给海洋鸟类带来了一系列的影响，如栖息地被污染、食物减少、渔网误捕、鸟蛋被捡拾、外来物种入侵等，导致全球接近 1/3 的海洋鸟类种群濒临灭绝。其中分布范围狭窄、栖息地与近海作业区域重叠的海鸟种类受威胁的情况尤其严重。

通过栖息地恢复来保护海鸟并提升种群数量是目前海鸟保护的重要方向，如何让人工改善的栖息地能够成功招引到海鸟群体是项目实施时需要解决的首要问题。

案例描述

中华凤头燕鸥（*Thalasseus bernsteini*）又名黑嘴端凤头燕鸥，是燕鸥科鸟类中数量最少的种类。截至 2012 年，通过观测全球种群数量估计不到 100 只，面临着灭绝的风险，被 IUCN 列为极度濒危物种。中华凤头燕鸥 1937 年在青岛被发现之后便销声匿迹，几乎消失在人们的记忆中，部分鸟类学家甚至认为其已经灭绝。直到 2000 年，有摄影师在马祖列岛意外发现 8 只中华凤头燕鸥在近 4 000 只大凤头燕鸥（*T. bergii*）中进行混群繁殖。2004 年，浙江自然博物馆副馆长一行在浙江韭山列岛考察时发现了中华凤头燕鸥的第二个繁殖群体，依然是极少的个体混在大群的大凤头燕鸥之中。然而该繁殖群体在两年后因为遭遇了人为拣卵以及台风的危害，离开了此地。

为了有效保护中华凤头燕鸥繁殖群体，浙江自然博物馆和香港观鸟会、国际鸟盟、象山县海洋与渔业局等机构合作，针对中华凤头燕鸥的濒危现状对浙江沿海居民开展了保护宣传工作，并与政府部门合作，加强执法力度，彻底遏制了象山沿海居民上岛拣卵的行为。

2013 年，浙江自然博物馆联合美国俄勒冈州立大学和象山县海洋与渔业局，引进了美国先进的"社群吸引技术"，在象山韭山列岛实施了两种鸟类种群的人工招引和恢复项目。项目组选定了适于燕鸥繁殖的铁墩岛作为招引栖息地，经过清理和改造，放置了 300 只定制的燕鸥假鸟模型和太阳能鸟声回放音响设备，播放其交配与筑巢时的叫声。很快，路过的中华凤头燕鸥和大凤头燕鸥被这些假的同类身影与声音吸引，当年便有 19 只中华凤头燕鸥和 2 000 多只大凤头燕鸥来铁墩岛繁殖，繁殖出 1 只中华凤头燕鸥雏鸟和 600 多只大凤头燕鸥。之后的每一年都有中华凤头燕鸥和大凤头燕鸥来此繁殖，2014 年有 13 对中华凤头燕鸥和 1 000 多对大凤头燕鸥繁殖成功，2015 年成功繁殖中华凤头燕鸥 16 对，大凤头燕鸥保持在 1 000 多对。2013—2015 年的招引成功对中华凤头燕鸥种群数量的恢复具有重大意义。

此次人工引导鸟类选择繁殖地试验的成功，为"神话之鸟"中华凤头燕鸥的种群恢复和壮大带来希望，同时也为我国濒危鸟类的保护提供了新的思路和途径，是我国野生动物保护和自然保护区管理的一次有益的探索和实践。

成功经验

（1）研究机构与政府部门合作，对居民进行物种保护宣传，打造良好的鸟类栖息地。

（2）利用燕鸥的群居特性，设立鸟类"社群吸引"模型，循环播放鸟类叫声，以此来吸引其选择合适的栖息地，该"社群吸引"招鸟技术相较于传统的"雏鸟转移技术"见效更快，成功率更高。

适用范围

海鸟与人类生活冲突加剧的国内外沿海地区；其他鸟类栖息地受到威胁的淡、咸水湿地区域；有志于鸟类种群恢复工作的各个研究机构与政府部门。

（施诗）

【案例 4-8】

就地与迁地保护并用拯救极小种群植物

极小种群植物是指分布地区狭窄或是间断分布、长期受到自然因素制约和近代人类活动干扰及环境胁迫，呈现出种群退化和数量持续减少、低于最小存活界限而濒临灭绝的野生植物。这些种类在 IUCN 红色名录中被定位为极危（CR），灭绝的风险极高，因此也是珍稀濒危植物中最需要优先保护的物种。如何让这些物种的种群数量恢复壮大，是植物学家们面临的极大挑战。在植物种群数量如何恢复的方法方面存在就地保护、迁地保护等争议，然而一些实践证明，二者结合可达到更好的效果。

案例描述

四药门花（*Loropetalum subcordatum*）为金缕梅科（Hamamelidaceae）檵木属（Loropetalum）的常绿灌木或小乔木，是中国特有的古老孑遗植物。该种野外植株数量极为稀少、分布区域狭窄、适应性较差、自然更新困难，被 IUCN 列为稀有植物，也是我国二级稀有濒危植物和国家重点保护野生植物。四药门花株形优美，花期较长，几乎全年开花，是极具开发价值的景观植物。

该种目前已知现存的自然居群仅剩 4 个，分别在香港、广西龙州、贵州茂兰和广东中山五桂山，分布范围仍在不断缩小，种群数量也在持续下降。作为"极小种群"的代表，四药门花种子自我繁殖能力十分差，野外极少实生苗，其繁殖保护已迫在眉睫。

华南农业大学林学与风景园林学院黄久香教授所带领的团队于 2010 年开始致力于四药门花极小种群的恢复研究，实施了一系列措施，取得了较好的成效。

（1）建立人工培育技术研究与育苗基地。

为保证四药门花遗传多样性的丰富，团队科研人员从贵州、香港等自然分布地采集种子与枝条，进行萌发、扦插、组织培养等繁殖研究，掌握了四药门花最佳繁育与生长条件，并建立了育苗基地，培育扦插苗与组培苗，成功培育了 15 000 余株苗木。

（2）建立四药门花种质资源基地。

团队科研人员引入贵州荔波、广西环江和香港大屿山等地的自然居群个体，建立种质资源基地，丰富现有的四药门花种质资源材料，为后续的育种等工作奠定基础。

（3）建立四药门花野外回归试验区。

团队科研人员与政府部门合作，在中山市五桂山四药门花原生群落周围的丘陵山地建立野外增强回归试验区 32 亩，进行就地保护与种群保护；在高明云勇林场建立了异地回归试验区 2 亩，并开展定期监测研究。截至 2018 年，该试验区共种植 3 700 株，成活约 3 400 株，保存率 85% 以上，生长良好，花苗高 0.8 m 以上。

图 4-8-1　四药门花原生地回归试验区（黄久香　摄）

（4）建立迁地保护基地。

选择中山树木园和东莞市林业科学研究所建立迁地保护基地，开展定期物候监测研究，其中中山树木园 30 余亩，2 亩，东莞市林业科学研究所种植 3 000 多株，保存率 95% 以上，生长良好，苗高 1 m 以上。

以上方法在种群数量恢复壮大方面取得了显著成效，预计未来四药门花群体数量将会持续增长。

成功经验

（1）针对需要保护的物种建立一套系统的流程体系。黄久香教授带领的团队长期专注于四药门花物种的研究，从育苗技术突破开始，到育苗基地、种质资源基地建设，最后设立野外回归实验基地与迁地保护基地，环环相扣，大大保障了四药门花群体恢复的成功率。

（2）就地保护、原生地回归与迁地保护并存。

（3）利用科研成果申请政府资助。在前期具备良好的科研成果的基础上，申请了政府的专项保育经费以及保育研究基地，同时开展产学研合作，获得更多的实验与保护基地。

适用范围

国内外所有致力于珍稀濒危植物保护与种群恢复的科研机构与政府部门。

（施诗）

【案例 4-9】

廊道建设缓解人象冲突

随着城市化进程的快速发展，土地利用方式的转变使野生动植物赖以生存的栖息地极度破碎化，生境持续受到人类社区的挤压，人与野生动物不可避免地会发生冲突，野生动物保护与人类生命财产保护之间的矛盾也愈演愈烈。如何将被隔离的生境孤岛重新连接起来，给野生动物创造理想独立的生存空间，是我们在社区建设时要考虑的重要问题。

案例描述

西双版纳有着我国面积最大、最完整的热带雨林生态系统，也是我国野生亚洲象（*Elephas maximus*）最重要的栖息地。亚洲象是我国国家一级重点保护野生动物，被 IUCN 列为濒危（EN）物种，经过长期的禁猎、救助等保护措施，其种群数量得到了持续增加。然而由于栖息地以及不同的种群被村镇及农田分割，作为远距离游走觅食物种，亚洲象常常会误入人类社区，导致农作物损毁、交通堵塞、公共设施破坏甚至居民人身安全受到威胁，因此也会受到人为暴力驱逐，人象冲突日益加剧。

为了缓解这一矛盾，云南省环保厅、西双版纳环保局及各级政府开始积极努力为亚洲象建设便于通行的生态廊道。通过详细勘察，选定了廊道线路与设计方案，并将勐腊—尚勇廊道和纳板河—曼稿廊道列为示范建设项目，在示范廊道内开展了生物本底调查、生态恢复示范和可替代生计等研究工作，为科学建设提供依据和支撑。同时，通过扎实有效的宣传教育，使得西双版纳各级政府相关部门、科研机构以及民众对该廊道建设的重要性有了清楚的了解，并由政府组织，县环保、国土、林业、安监及法制办等部门联合执法，为廊道的疏通排除非法采石场等干扰动物迁移的障碍。

疏导位于廊道内村落的村民也是该项目的一大难题，项目组在宣传教育的同时，将勐海镇勐翁村纳入了生态建设示范村，引导村民开展环境综合治理、规划合理种植区域、学习规模化养殖与特色农产品种植、开发生态旅游资源等一系列工作，让村民有了可替代生计，村民愿意并支持参与廊道的建设，使建设项目得以顺利高效地完成。

亚洲象廊道的建设让亚洲象可以在西双版纳热带雨林各保护区之间自由来往，沿途人象冲突得到了极大缓解。

成功经验

（1）建设生物多样性保护廊道，是长远有效的物种保护措施，不仅可以解决人象冲突，还可以连通不同种生态孤岛，促进不同种群间基因交流，防止近亲繁殖，促进其种群得以更好地恢复和发展。

（2）建立生物多样性廊道社区管理新模式。通过改善和支持村民可替代生计的发展使村民积极参与到廊道建设与物种保护工作中，利用自然资源发展经济，以经济发展促进生态建设，对乡镇生态保护工作有着深远而积极的示范意义。

适用范围

国内外人兽冲突剧烈的区域；生境破碎化影响动物迁移进行基因交流的区域；正在实施保护区规划建设的政府部门。

（施诗）

【案例 4-10】

为紫斑蝶迁徙让路

随着经济和社会的发展，越来越多的大型线性工程如铁路、公路、输电线路、油气道等穿越野生动植物的栖息地或迁徙路线。如今，这些工程对生物多样性的不利影响已经可以通过严格的环境影响评价，采取必要的避让或减缓措施将对生物多样性的影响减小到最低。但一些早期的工程，如何在不拆除工程或尽可能不影响工程运行的前提下，有效减小其对生物多样性的不利影响，是生物多样性保护工作者和工程管理方需要应对的新挑战。

案例描述

我国台湾地区的紫斑蝶属（*Euploea*）与墨西哥帝王斑蝶（*Danaus plexippus*）并列为世界两大越冬型蝶类，其中的主要种类为斯氏紫斑蝶（*E. sylvester*）、小紫斑蝶（*E. tulliolus*）、端紫斑蝶（*E. mulciber*）及圆翅紫斑蝶（*E. L. Westwoodi*）。

图 4-10-1　黑紫斑蝶（边福强　摄）

台湾地区的紫斑蝶是迁徙性蝶类，每年至少会出现三次集体性的季节性迁徙，越冬结束后的紫斑蝶在春季迁徙，初夏时期新生的紫斑蝶二次迁徙，冬天前往南台湾低海拔地区群聚性越冬。其中，春季迁徙的紫斑蝶属昆虫数量极多，有报道称，在春季迁徙期间的单日最高迁徙数可达百万只以上，这一生态学现象也成为台湾岛上极富盛名的自然景观。但是随着人类活动范围的扩大，紫斑蝶的迁徙路径常常会被人类的建设设施干扰甚至阻断。

台湾 3 号高速公路与紫斑蝶的迁徙路径多处重叠，高速公路上川流不息的密集车流严重影响到了紫斑蝶的正常迁徙，甚至导致迁徙途中的紫斑蝶发生车祸而丧生。迁徙线路环境的变化，噪声和大气污染的影响，加之紫斑蝶的越冬地和繁殖地受到严重的破坏，造成了紫斑蝶数量锐减。有数据显示，2004 年后越冬谷地聚集的紫斑蝶数量仅仅为 19 世纪 60 年代的 1/10。

为了保护紫斑蝶以及紫斑蝶迁徙这一世界级的自然奇景，台湾地区多部门联合采取措施保护该类群物种。自 2004 年开始，台湾地区的紫斑蝶保护专家就开始对特定区域的紫斑蝶进行标记跟踪，再经过捕获与再次捕获，确定紫斑蝶的种群数量与迁徙模式。获得这一系列关键数据后，专家组再和气象部门一并预测紫斑蝶迁徙发生的时间与路线。台湾高速公路局根据这一数据，在紫斑蝶迁徙群体来临之前，提前关闭紫斑蝶穿越的高速公路路段，时间大约为几个小时，这就是台湾地区特有的"为蝴蝶让路"，也是世界为蝴蝶让路的首例。不仅如此，蝴蝶保护专家还呼吁人们在蝴蝶迁徙期，将自己的活动空间，如阳台、花园、社区绿地等改造成适合紫斑蝶过路休息的"驿站"，全社会一起协助紫斑蝶顺利迁徙。

成功经验

（1）短暂关闭高速公路，为迁徙动物让路，为世界生物多样性保护创新开辟了一条新路。

（2）科学严谨的跟踪监测、观测和预测，确保了"车让蝶"措施的高效实施。以最短的时间关闭最短的路段，有效保障了蝴蝶的迁徙。

（3）多部门协作，避免了部门间沟通、协调和配合的耗时，使"车让蝶"

取得理想效果。研究人员的技术支撑，政府机构的快速执行，公众的广泛参与，媒体的大力宣传，不仅有效地保护了紫斑蝶，也提升了社会大众保护生物多样性的意识。

适用范围

国内外野生动物迁徙路线受到干扰和不利影响的地区；野生动物栖息地受到工程建设、城市扩张、资源开发活动等影响的地区。

（余敬伟）

第 5 章

科学研究

中国政府大力支持开展科学研究,为物种保护提供可靠的技术支撑,为物种调查、监测和管理提供技术方法、定量指标和精确数据,极大地提高了中国物种保护的成效。采用卫星遥感监测手段获取数据、人工繁殖技术和人工智能管理技术等都已广泛应用于当今中国的物种保护行动中。

【案例 5-1】

人工智能登上物种保护舞台

　　物种保护最基础的一环是摸清物种生存现状，但因部分物种活动范围大、移动迅速、生存环境艰险，人类难以到达，故而生存现状难以准确评估和及时更新。而人工智能领域的机器人和图像识别等功能既能够模拟人的思维方式胜任人类工作，也能克服环境不便、工作繁重等诸多不利因素，达到远超人类的任务完成效率和准确度。科技发展改变了人类生活方式，也创新了物种保护模式。

案例描述

　　雪豹（*Panthera uncia*），种群密度普遍偏低、分布分散、行踪隐秘，故而无法准确估算其数量。2017 年，IUCN 将雪豹从濒危（EN）降为易危（VU）引发了部分学者的反对，持反对意见的学者认为 IUCN 调研的数据仅仅来源于全球排名前 2% 的雪豹栖息地数据，无法代表其他地区的雪豹种群现状，因为雪豹的种群数量在不同地区呈现不同的变化趋势。中国大约拥有世界 60% 的雪豹，但相关数据的空白无法揭示雪豹在中国境内的生存现状，保护部门也无法根据其种群变化趋势制定有效的保护措施。因此，雪豹生存现状调查成为雪豹保护工作的重中之重。

　　中国雪豹保护网络是由政府支持，科研机构、民间组织与保护地共建的中国雪豹保护合作平台（以下简称合作平台），致力于推动中国青海、四川、西藏、新疆、甘肃等区域的雪豹保护。雪豹身上的斑纹就像人类的指纹一样独一无二，可以用于识别雪豹的身份，合作平台利用红外相机拍摄雪豹斑纹，开展数量统计。调查中平台发现，虽然红外相机能够一天 24 小时不间断拍摄，但这种识别方式依然受到多种因素的限制：①雪豹本身的斑纹排列密集且毛发过长，人类肉眼识别相当困难；②气候（风、雨等）和环境（遮挡物）因素的影响会导致斑纹模糊或不完整；③雪豹会在不同地区迁移，无法仅仅根据地理分区确定雪豹的数量；④雪豹在夜间更为活跃，红外相机拍摄的图片并不清晰；⑤监测数据大量冗余，时效性差。

2019 年，中国雪豹保护网络联合中国电商企业京东发起了"雪豹识别全球挑战赛"，利用大数据和人工智能协助雪豹识别，高效、精准识别和检测雪豹个体，减轻人力负荷，为今后开发可应用的雪豹个体识别软件做准备。

图 5-1-1 雪豹（边福强 摄）

大赛面向全社会，高等院校、科研单位、互联网企业等均可报名参赛。参赛选手可以选择个人或组队身份参赛，每支队伍1～5人。参赛人员需要运用数据挖掘的技术和机器学习的算法，根据提供的雪豹短视频设计算法并建立模型，实现对不同雪豹的个体类别区分。比赛方式包括线上初赛训练、线上复赛比赛和现场决赛答辩，持续将近3个月，奖金共计10万元人民币，获奖选手还可亲自前往雪豹项目地探访。

雪豹识别全球挑战赛总决赛共有334人次提交412项结果数据，预计后续会根据比赛建立的模型开发出相关的雪豹识别软件，将识别软件推广应用到雪豹本底调查。

成功经验

（1）人工智能为生物多样性保护提供新思路。相较于传统监测手段，大数据和人工智能能够提高雪豹的监测效率和准确性，是科技创新改变物种保护模式的典型案例。

（2）比赛形式的开放性和包容性有利于社会各行各业的群体参与到生物多样性的保护中来。

（3）京东这样大型电商平台的参与能够为比赛的传播提供更宽广的途径，有助于推动物种保护的宣传教育，提升公众保护雪豹的意识。

（4）京东作为中国电商的代表企业，积极参与物种保护，展现了企业积极参与物种保护的态度。

适用范围

国内外有志于保护濒危物种的研究机构、非政府组织、基金会、社会团体和企业；国内外有志于保护濒危物种的各行各业的从业者。

101

（边福强　冯瑾）

【案例 5-2】

中国建"种子库"保护野生物种种质资源

1845—1850 年，爱尔兰爆发大饥荒，人口锐减了将近 1/4。爱尔兰大饥荒又俗称马铃薯饥荒。原因是免疫病菌的卵菌造成了马铃薯的腐烂以致绝收，而当地人们只依赖马铃薯作为单一粮食。随着人们对马铃薯免疫病的发生原因的研究深入，发现具有不同基因的马铃薯品种对免疫病的抗性差异显著。同样，物种保护并非单纯意义上的大面积培植濒危物种，因为同一物种在不同条件下会产生不同的基因，仅仅保护具有单一基因的物种只会使其暴露在巨大的风险下。人们意识到保护濒危物种的同时也要保护其基因的多样性。

案例描述

2005 年中国西南野生生物种质资源库（以下简称种质资源库）在中国昆明开工建设，2009 年 11 月通过了国家验收。作为收集保存野生生物种质资源的综合性国家库，它不仅拥有种子库（包括中国特有种、珍稀濒危物种和经济植物），还拥有植物离体库、DNA 库、微生物库（依托云南大学共建）和动物种质资源库（依托中国科学院昆明动物研究所共建），是亚洲最大、世界第二大的野生植物种质库。截至 2018 年 12 月，种质资源库已整理整合各类野生植物种质资源 29 万份，其中野生植物种子达 1 万种，共计 8 万份。

种子采集以施工区为优先区，既是因为其交通便捷，也是因为这些地区物种受人类活动影响较大，需要优先抢救。每种植物需要收集 2 500～20 000 粒种子，并保证采集量不超过原产地种子总量的 20%。随后工作人员会对种子采集的时间、地点、经纬度，种子的最初质量、数量和包装情况等信息进行登记录入，建档管理。之后，工作人员对种子进行初步的干燥和清理。为避免对种子的破坏和浪费，针对不同的种子采取不同的方法清理空瘪种子和种子残渣，清理好的种子经过 X 光或显微镜进行质量检测，通过检测的种子在 15℃、湿度 15% 的环境中贮存一个月。等种子的含水量降到 5%，进入"休眠期"后，就可以入库储存了。入库的种子需放置到特制的密封玻璃瓶中保存，瓶中同时还需放有具有指示作用的变色硅胶，玻璃瓶一旦漏气就能够被及时发现。种质资源库常年保持-20℃，保证种子可以在休眠状态下长期存活。同时为了了解种子的活力变化情况，每隔 5～10 年，所有保存的种子都必须出库接受萌发实验的检验。

种质资源库为生物多样性保护特别是物种保护做出了巨大贡献，它收录了我国近万种重要植物的 12 万个 DNA 条形码及其物种信息，建成了功能强大的 DNA 条形码库，为植物精准鉴定提供了有力的技术支撑。

此外，中国西南野生生物种质资源库还是我国一个重要的科学培训基地。2008—2018 年，共举办了六期培训班，对云南省各类国家级和省级自然保护区的 1 675 名工作人员进行了生物多样性保护理论和种子采集保藏技术的培训，基本实现了云南省自然保护区培训全覆盖。同时也为国内外研究机构、高等学校、政府职能部门和公众提供服务。

成功经验

（1）种质库的建立为我国生物战略资源安全提供了可靠的保障。

（2）种质库的建立有利于生物多样性保护的可持续性，造福子孙后代。

（3）种质资源库为物种多样性和基因多样性等相关学科发展提供了重要的数据支撑。

适用范围

对特有物种、濒危物种和具有经济价值的植物有保护需求的各国政府、各个科研院所、各高校、各民间保护组织。

103

（冯瑾）

【案例 5-3】

卫星遥感技术推动三江源国家公园物种保护

对大范围保护区域内的保护对象来说，传统的物种保护方法，如基线调查、物种实地监测等，不仅耗费大量的人力、物力和财力，在样地选择、取样、种群观测等过程中，还可能存在人为干扰因素，其精确性难以得到保障，研究的区域范围也受到极大的限制，需要大量的时间和资源整合多源、多次、长时间序列的调查数据，才能得出最终结论，所研究结果的时效性也会受到影响。因此，物种保护中的调查与监测亟待引入相对成熟的新技术和新方法。

案例描述

中国在物种保护工作中引入了卫星遥感技术手段。卫星遥感技术具有成像覆盖范围广、观测频次高、详查普查相结合等优点，已逐步应用于物种的调查与监测，成为物种保护的有利支持工具。

中国三江源自然保护区内野生维管束植物有 87 科 47 属 2 238 种，多为青藏高原特有物种。三江源地区地广人稀，传统的植物数据收集与处理方法面临着诸多困难。2016 年以来，三江源国家公园联合中国空间技术研究院将航天遥感技术应用于三江源国家公园的植物保护中。隶属于中国空间技术研究院的航天恒星科技有限公司的技术团队开展了三江源国家公园大数据二期建设工作，首次利用国产遥感卫星建立了大范围的生态系统与人类活动长序列大范围监测体系，遥感监测范围达到了 39.5 万 km^2，为三江源国家公园的植物保护提供了数据获取与处理手段。

卫星光学遥感由于数据源非常丰富、成像幅宽较大、重访覆盖时效性较高，可以在宏观尺度上获取长时间序列的植物种群空间分布和时间变化数据。通过遥感反演出生产力指标、植被指数、植被结构参数等，计算得出物种的生物量、种-面积关系、物种丰富度等指标，研究植物群落的物种种类与变化情况，最终为三江源植物的研究和保护提供技术支持。

　　三江源国家公园拥有雪豹、藏羚羊等丰富的野生动物资源。北京大学生命科学学院自然保护与社会发展研究中心和生态环境部卫星环境应用中心合作，以高分辨率卫星遥感影像为底图，通过目视解译的方法对三江源国家公园内人类活动斑块进行提取，结合多年来在三江源地区实地探测获取的雪豹分布位置信息，利用栖息地模型和保护优先区规划的方法，估算出三江源的雪豹核心栖息地由西向东主要分布。这是卫星遥感技术首次应用于物种保护规划和威胁识别。

　　2017 年至今，三江源国家公园利用卫星遥感获取的三江源图像数据建立起了生态大数据中心，建设了国家公园云管理系统和具备云计算能力的大数据平台，从此将三江源国家公园内的物种保护纳入规范、有序、定量的轨道上来。随着三江源国家公园生态大数据中心一期、二期的建设完成，初步建立起了三江源区域物种保护监测系统，园区内物种保护工作逐渐步入正轨。随着中国天基遥感系统的持续建设，三江源地区物种保护将不断获得优质的遥感数据支持。2019 年，中国高分辨率对地观测系统的高分五号和高分六号两颗卫星正式投入使用，为物种保护提供了高空间分辨率、高时间分辨率、高光谱分辨率的大范围、高动态的遥感数据保障。园区内物种保护工作者力图将先进技术与传统方式相结合，从根本上减少传统实地调研考察的人力、物力消耗，提升物种保护相关指标与数据结果的精确性，提升长时间序列与大范围的物种监测与保护的核心能力。

成功经验

　　（1）先进技术的应用为物种保护提供了更准确的数据。卫星遥感具有的大尺度、高时效、定量化的优势，大数据的挖掘保证了物种监测的精确度。

　　（2）空天一体化相结合。遥感技术的应用大大节省了人力成本，提高了保护工作的成效。

　　（3）与专业研究院所合作提升物种保护成效。三江源国家公园与负责遥感卫星建设、运行与维护，和生态遥感应用的专业院所合作，确保了数据获取、处理与应用更加高效和专业。

适用范围

国内外需要开展大范围物种保护工作的政府部门和民间组织；能够为物种保护提供技术支撑的机构与企业。

（边福强　冯瑾）

【案例 5-4】

利用 AI 人脸识别技术拯救濒危动物于"路杀"风险

随着城市的扩张，越来越多野生动物的生境面临破碎化，道路的修建更是常常与野生动物的活动区域重叠，许多野生动物不得不通过人工道路穿梭于不同的活动区域，这也让它们面临着新的风险——"路杀"，即因为道路上的机动车碰撞或碾压致亡。如何尽可能地减少"路杀"现象也是全世界道路修建与维护时面临的难题。

案例描述

豹猫（*Prionailurus bengalensis*），又称石虎、山猫、钱猫，是猫科动物中分布最广泛的物种，其广泛分布于亚洲，豹猫主要栖息于山地林区、郊野灌丛和林缘村寨附近，分布的海拔高度可从低海拔海岸带一直到海拔 3 000 m 的高山林区。人类的猎杀以及栖息地的流失，使豹猫数量持续下降，已被 IUCN 列为易危物种。

在中国台湾地区，豹猫曾遍布全岛 1 000 m 海拔以下的浅山地区，随着早期的毛皮交易，以及近年山区森林的大面积砍伐，豹猫几乎消失在了人们视野中，有学者推估如今全台湾地区豹猫数量只剩 300～500 只。

苗栗一直是台湾地区豹猫最大族群的重要栖息区域之一，随着该地山区道路的增加，栖息地被破碎化，使得仅存的豹猫族群增加了被汽车撞亡的风险。2011—2019 年，公开通报的豹猫"路杀"记录就有 96 起。相关案例的报道也引起了全民对野生动物的安危的关注。

为了避免豹猫持续遭到"路杀"危害，台湾中兴大学机械工程学系蒋雅郁团队与特有生物保育中心以及台湾科技公司合作，共同开发了一套能够识别豹猫的人工智能预警体系。在考虑了各项因素后，NVIDIA Jetson TX2 成为部署人工智能模型的硬件选择。他们使用 Amazon Web Services 云端平台里的

GPU 资源，通过大家上传的豹猫图片来改进识别精确度，可以侦测野生动物出没热点里的豹猫。

豹猫如所有猫科动物一样行动敏捷，"神出鬼没"，该系统使用 NVIDIA Jetson TX2 优化网络边缘算法，能够在不到半秒钟的时间内侦测到闪现的豹猫。当探测到有车辆即将通过道路，而豹猫又太靠近道路时，路边的机器便会发出警告声及警示光波提醒豹猫，使其中断或延迟向马路移动。

2015—2018 年，平均每个月便有一只豹猫惨死在车轮下；而在 2019 年 5 月系统安装之后至 9 月，共拍摄到 17 次豹猫与果子狸等其他动物因该系统的提示而免于被车撞击的悲剧，防范效果十分显著。

成功经验

（1）AI 人脸识别技术在物种保护领域的应用能有效提高保护成效。通过先进的人工智能算法，动物识别预警有效提高了豹猫和果子狸等动物免于"路杀"的概率。

（2）企业参与推动物种保护技术在实际应用中的推广。台湾中兴大学和台湾科技公司合作，有效将科研成果产业化，有利于新技术的推广和应用。

适用范围

因生境破碎化而面临"路杀"的动物的主要栖息地、保护区外围车辆较多的路段都可借助这一手段。

（施诗）

【案例 5-5】

胚胎培养技术拯救"植物大熊猫"——百山祖冷杉

地球上物种一直处于不停演替变化的状态，由于环境变化与人类的活动，越来越多的物种数量急剧下降，面临灭绝的风险，同时，其自身的繁殖机制也往往会出现弊端，如果不采用新的技术手段去干预，扩增其种群，它们可能很快就会消失。现代技术手段的进步，让我们有了更多有效的办法去实现物种的人工繁殖。

案例描述

百山祖冷杉（*Abies beshanzuensis*）隶属于松科冷杉属，是我国 1976 年新发现的特有珍稀濒危植物，在 1987 年被国际物种保护委员会认定为全世界最濒危的 12 种植物之一，素有"植物界大熊猫"之称。目前自然生长的野生成熟个体仅存 3 株，分布在浙江省庆元县百山祖自然保护区海拔约 1 700 m 的山林中。这些残存的植株个体长势差，花粉不成熟，种子难育，这意味着其自然有性繁殖、常规无性繁殖都十分困难。

百山祖冷杉被发现以来，林业部门与研究人员一直致力于其人工繁殖的研究，由于原生植株开花结果十分难得，多年来主要开展的是枝条嫁接的无性繁殖工作，并在野外种群恢复基地成功种植 2 000 余株。然而，通过嫁接方式繁殖的后代遗传多样性水平非常低，无法达到良好的物种保护目的。1991—2012 年，研究人员通过人工授粉，收集种子进行人工培育，虽取得了一些收获，但由于结实率与发芽率的低下，仅获得 40 余株百山祖冷杉母树种子苗。

2017 年，恰逢 3 株百山祖冷杉母树都开"花"结"果"的绝好时机，浙江凤阳山—百山祖国家级自然保护区百山祖管理处与浙江大学研究团队签订了《百山祖冷杉组织培养研究试验》技术合同，开展高效的百山祖冷杉离体保存及组织培养再生体系建立的研究工作。研究团队对发育困难的百山祖冷杉的胚胎进行"剖腹产"，提前将其从母体分离，进行组织培养，将其"胚→种子→幼苗"的发育历程缩短为"胚→幼苗"，最终成功获得了无菌试管苗，避免了其胚早期败育或发育不良的现状，大大提高了出苗率。同时通过栽培基质的改良，试管苗的生长速度可达到自然状态下的2～3倍。

这一突破性的成果为百山祖冷杉摆脱极度濒危状态提供了良好的条件，标志着百山祖冷杉人工繁育的研究进入了新的阶段。

成功经验

（1）利用植物胚胎培养的新技术解决珍稀物种繁殖难题。珍稀的裸子植物普遍具有球果发育时间长、胚早期败育或发育不良等现象，该培育方法从根源上解决了这些物种繁殖的困境，因此能获得成功。

（2）保护区积极与高校进行合作研究。自然保护区不仅要维护区内日常管理工作，更有开展物种保护研究的职责。该保护区积极投入科研经费，与高校进行合作，为辖区内珍稀濒危物种的保护做出了极大的贡献。

适用范围

进行珍稀濒危物种繁殖研究的科研团队、具备珍稀濒危物种的保护区。

（余敬伟　施诗）

【案例 5-6】

种群调查中红外相机监测技术的应用

要开展高效的物种保护，需要对物种资源现状进行准确评估，这对制订科学的保护计划和开展有效的保护工作至关重要。而监测是对物种资源现状进行准确评估的基础。监测的方法因物种而异，哺乳类、鸟类、鱼类、植物、真菌各有不同。对于哺乳动物来说，红外相机是重要的监测手段之一，能够24小时监测其行踪。

案例描述

华北豹（*Panthera pardus fontanierii*）是 9 个豹亚种之一，仅分布于中国华北地区，由于生境破坏和过度利用，种群呈下降趋势，被列为中国国家一级重点保护野生动物、CITES 附录 I 物种及 IUCN 红色名录易危物种。华北豹隐蔽性较强，野外极难见到活体，仍不清楚其野生种群状态，这便阻碍了科学的就地保护措施的制定与实施。红外相机技术（camera trap）干扰性小，能在不伤害动物的前提下对其进行调查监测，近年来在大中型哺乳动物的野外调查中得到了广泛的推广应用。

2019 年，京津冀太行山区域兽类多样性调查项目采用红外相机监测法对太行山北部片区的华北豹种群现状展开了调查，在小五台山自然保护区、驼梁自然保护区等地红外相机均监测到了华北豹活动痕迹。

监测中，红外相机的布设位点是监测的核心。布设方法包括系统取样和均匀取样方法。对于华北豹的监测，为尽可能地拍摄到活动影像，项目成员通过与当地巡护人员、周边社区居民的访谈调查，初步确定该物种的活动范围，再通过样线调查，进一步确定其活动区域，通过粪便痕迹点、捕食点、水源地等区域的确定，布设红外相机。这样不仅可以最大限度地拍摄到活动影像，还可以通过不同影像的对比分析，达到个体识别的目的，并基于累积影像数据，分析种群结构、物种活动格局、时间格局等生态机理，为华北豹的就地保护提供坚实的科学依据。

红外相机监测法是典型非损伤性物种监测方法，对动物干扰小，放置后基本不会干扰到野生动物的正常活动，所需人力、物力较小，且不受天气、时间影响。随着红外相机监测技术的不断提升，现已开发出能实时传输数据的联网红外相机，可将拍摄的物种照片、视频无线传输回远隔千里的数据收集中心及监测人员手机上，实现了远程实时监测、近距离实时记录。

由于红外相机操作较为简单，一次布设后，通常无须再次更改，使用人员也无须较强的专业背景，可广泛适用于各种物种监测场景，如自然保护区的巡护管理、科学研究课题及农林牧渔业的相关专项调查等。野外安置的红外相机能为物种保护工作者和研究人员提供较为详尽的动物本底资料。

图 5-6-1　红外相机布设（王静　摄）

红外相机这一监测手段能提供华北豹等哺乳动物的全天候监测数据，为该地区野生动物保护计划的制订和实施提供了技术支持。

成功经验

（1）红外相机监测技术作为非损伤性物种监测方法应用于野生动物保护。这一监测手段降低了监测过程中人类活动对野生动物的干扰，能够保证数据的真实性和有效性。

（2）互联网技术应用物种监测。互联网技术结合红外相机能够保障物种监测实现远程全天候收集，保障数据的及时性。

（3）新技术与传统方法结合。通过传统的走访调查与红外相机布设相结合，提高了物种监测的效率。

适用范围

需要开展哺乳类动物监测调查的国内的各类保护地；需要实施各类物种保护项目的科研单位、非政府组织、团体和企业；有志于从事物种保护和研究的院校和个人。

（王静　冯瑾）

【案例 5-7】

就地保护与人工繁育并举，成功拯救杜鹃红山茶

物种保护面临的困境之一是物种种群分布范围狭小，频繁的人类活动扰动导致物种种群无法自主更新扩张。如何通过科学的人工干预降低物种灭绝风险，保障物种的可持续发展是现代物种保护工作者需要思考的问题。

案例描述

杜鹃红山茶（*Camellia azalea*）非常特殊而且十分罕见，属于山茶属山茶亚属红山茶组光果红山茶亚组。

杜鹃红山茶仅分布于广东省阳春市河尾山局部，它分布区面积不足 2 km^2，沿着石头河两岸到半山以下呈星散状分布，除此之外至今尚未发现有其他杜鹃红山茶分布。由于杜鹃红山茶具有一年多次开花的特性，且株型紧凑，枝繁叶密，花芽叠生，连续不断，还具有全阳性、耐水、耐肥、耐热、抗寒等栽培茶花所不具有的优良性状，所以杜鹃红山茶的盗挖现象一直有增无减，造成原生地植株数目锐减。2000 年 7 月，广东阳春鹅凰嶂省级自然保护区建立后，杜鹃红山茶种群得到保护，盗挖现象得到遏制，其种群数量得以保存。根据保护区调查，2001 年 3 月杜鹃红山茶仅有 879 株，2004 年 8 月为 927 株，2009 年为 1 309 株，但对于杜鹃红山茶的生存和种群更新来说这一数目依然十分危险。杜鹃红山茶种群所处生存环境十分恶劣，加上小水电开发导致原生环境河流水位等的改变，无法依靠种群自然更新。

广东阳春鹅凰嶂省级自然保护区因地制宜为保护杜鹃红山茶种群开展了以下工作：

（1）积极开展就地保护。为了较好地保护杜鹃红山茶，鹅凰嶂保护区专门成立了杜鹃红山茶领导小组和巡护小组，巡护小组每天 24 小时在杜鹃红山茶分布区进行巡护，并在上级主管部门的大力支持下，于 2009 年年初，安装

了 360 度旋转的红外视频监控"电子眼",实行 24 小时全天监控,提高了管护能力,还在每年春秋两季进行 1～2 次遮光枝条清理,并根据生长情况施肥。

(2)通过人工繁育扩大种群数量。通过优良种子繁育实生苗,通过扦插和嫁接无性繁殖扩繁保存已有的种质资源。

(3)利用科研项目或者与科研院所合作选育良种,扩大规模后实施野外回归。例如,2015 年,保护区申报了广东省林业科技创新项目"大果五加、杜鹃红山茶良种选育和高效栽培技术研究与示范",通过该项目杜鹃红山茶野外回归数量突破 5 000 株。

(4)加强行业间合作。鹅凰嶂保护区和河尾山林场合作,于 2009 年开始建立珍稀植物培育基地,其中种植了 4 万多株白花油茶用于嫁接优质杜鹃红山茶芽条,并投放市场。

(5)建立种质资源保存档案。分别为杜鹃红山茶建立了栽培档案,对杜鹃红山茶的来源,如繁殖方式、来源母树进行记录。

成功经验

(1)这是保护区发挥保护职能积极保护珍稀濒危物种的典型案例。保护区作为该地区的保护主体,因地制宜,根据阳春市河尾山的现状采取多种办法保护该地杜鹃红山茶免于由人工活动造成的灭绝危险。

(2)双管齐下,保护成效显著。保护区针对杜鹃红山茶采取了就地保护与人工繁育并举的方法,就地保护能够保护现有杜鹃红山茶的种群,人工繁育能够为未来杜鹃红山茶的发展提供有力的技术支撑。这两种方式相结合保证了杜鹃红山茶这一物种的可持续生存。

(3)增加杜鹃红山茶数量的同时也注意保护其基因的多样性。建立种质资源保存圃,对现有的全部杜鹃红山茶繁殖方式、来源母树进行记录。

适用范围 ··

　　国内外保护地、森林公园等主体对珍稀濒危植物的保护；科研机构高校院所对珍稀濒危植物的保护方法的研究。

　　　　　　　　　　　　　　　　　（广东阳春鹅凰嶂省级自然保护区管理处）

【案例 5-8】

基础科研助力苏铁类植物保护

经过漫长的地质地理变迁与气候变化，许多濒危的植物"活化石"都已濒临灭绝。如何挽救这些濒危的自然遗产是摆在植物保护者面前的难题。

案例描述

苏铁类植物是世界上现存最古老的种子植物，出现在至少 3.2 亿年前的古生代石炭纪，繁荣于中生代侏罗纪，与恐龙共同称霸于地球。现在地球上幸存下来的少数苏铁孑遗种，有 3 科 11 属近 300 种，是十分珍贵且濒危的"活化石"物种。我国广西特有的十万大山苏铁（*Cycas shiwandashanica*）在十万大山这座天然屏障的保护下虽幸免于难，但是由于近年来的非法采挖和非法贸易，十万大山苏铁也已经濒临灭绝。十万大山苏铁于 1994 年由钟业聪研究员于上岳最早发现并命名，1994 年时有野生分布。

十万大山国家级自然保护区针对该重点物种进行多次考察，2014 年在防城大垌水库发现 1 株，2016 年在保护区那良镇发现种群共 34 株，其他地方均未见其野生分布。

2017—2018 年，十万大山保护区工作人员组织物种普查，在十万大山南坡发现十万大山苏铁新群落，那良镇沿途十余公里均有野生十万大山苏铁分布在保护区外。保护区同时开展了样方调查，沿海拔共做了 8 个样方，调查了其高度、叶片数和伴生植物的数量，推测十万大山苏铁出现频率最高的地方为海拔 393 m 附近，随海拔升高物种个体数逐渐增加，到海拔 447 m 后数量又稍有减少。据推测十万大山苏铁潜在分布可能达上千株。

十万大山南麓与北麓的种群有天然的种群隔离屏障，距离 45 km，无法进行基因交流，推测其遗传多样性应该有较大差异。南麓主要有 2 个种群，种群一有 21 个个体，种群二有 88 个个体，其相互距离为 8 km，也无法进行基因交流，该发现将原有的一个孤立种群扩大到三个隔离种群。此次发现扩大了种群的基因来源，增加了遗传多样性，对于未来的遗传多样性测定、实现三个种群间的基因交流有重要意义。

保护区于秋季开展十万大山种子收集，并将在保护区扶隆站进行育苗实验，为其保育与繁殖提供重要的依据。同时保护区开展了瑶族刀耕火种地区的样方调查，在两个 10 m×10 m 的田地样方中发现 5 株苏铁，但是生活环境均不乐观，后期计划陆续开展迁地保护。

保护区加大巡护力度，切实做好"活化石"的保护。十万大山苏铁是生物多样性链条中的一个重要环节和组成部分，在其分布区的生物多样性保护中担当着十分重要的角色，同时该物种对研究种子植物的起源、演化、区系及古气候、古地理变迁等都具有十分重要的意义，同时对于解释十万大山这独特的处于热带北缘的狭域物种的形成和演化具有深远的影响。

目前 IUCN 专门设立了苏铁专家组，开展苏铁类植物研究与保护。全部的苏铁类物种被 CITES 列入附录，实施严格管理，禁止非法进出口。保护区也将积极展开相关合作，配合联合国开发计划署共同开展相关社区共建项目的申请并开展工作。希望在未来进一步联合多方面力量共同对苏铁类植物开展人为繁育并进行野外回归，早日让这一珍稀植物回归自然。

成功经验

（1）建立永久样地，对苏铁及其伴生植物进行监测。同时在考察中采集种子并在保护区基因库进行种子繁殖育苗实验，该项研究将为其保育与繁殖提供重要的依据。

（2）开展社区共建，建立保护小区，鼓励当地人了解认识和保护珍稀濒危物种。

适用范围 ⋯⋯⋯⋯⋯⋯⋯⋯⋯⋯⋯⋯⋯⋯⋯⋯⋯⋯⋯⋯⋯⋯⋯⋯⋯⋯⋯⋯⋯⋯⋯⋯⋯⋯⋯

　　国内外野生植物分布点狭域，物种栖息地受到工程建设、城市扩张、资源开发等人为干扰较大的地区。

（刘博）

【案例 5-9】

人工繁育的黑叶猴放归山林

国家林业局野生动植物与自然保护区管理司时任司长张希武在 2015 年"全国野生动物保护与生态文明建设大讲堂"上表示：当前我国野生动物栖息地破碎化严重，再加上乱采滥挖、林地流失以及环境污染等，野生动物保护"有地图、没有行动"，根本达不到保护的目的。

因野生动物栖息地碎片化产生的地理隔离，开展人工繁育、放归，是扩大濒危野生动物种群的有效措施。

案例描述

黑叶猴（*Trachypithecus francoisi*）俗称"乌猿"，在过去的 100 多年里，由于农业开垦、偷猎、民间酿制"乌猿酒"，大部分黑叶猴从历史分布区消失。到 20 世纪末，黑叶猴只分布于我国（贵州、广西和重庆）和越南，栖息在热带亚热带石灰岩地区，是分布纬度最高的叶猴种类。

黑叶猴是我国国家一级保护动物，被列入 CITES 附录Ⅰ和 IUCN 濒危物种红色名录的濒危等级，野外种群稀少，面临灭绝风险。

进入 21 世纪后，随着相关保护区相继建立和保护力度加大，我国黑叶猴的数量有所回升，但仍然存在栖息地极度破碎化导致严重的地理隔离的现象。目前，全球野生黑叶猴数量稀少，分散在 40 多个孤立的分布点中。每个分布点黑叶猴的数量非常有限。最大的地方种群见于贵州麻阳河国家级自然保护区，约有 72 群 554 只；最少的地方种群只有 1～2 群。从省级地域来看，贵州境内的黑叶猴数量最多，约 1 200 只。

2012 年，国家林业局将黑叶猴野化放归列入四大物种放归自然项目之一。自 2012 年开始，广西开展了种群选定、大明山黑叶猴本底调查、黑叶猴野外适应性训练、放归地点确定等准备工作。

图 5-9-1 黑叶猴放归现场（杨海健 摄）

2017 年 11 月 6 日，5 只人工繁育的黑叶猴在广西南宁大明山国家级自然保护区被放归山林。此次放归的 5 只黑叶猴为 1 个家庭单元，1 雄 3 雌 1 幼。5 只黑叶猴经大明山国家级自然保护区 3 年多时间半开放式野化，基本达到放归大自然的条件。这次放归黑叶猴正是种群调配的一种特殊的科学试验方式，希望通过人工手段，帮助野外种群之间重新构建联系，为广西黑叶猴种群稳定、繁衍生息及小种群保护工程奠定坚实的基础。

2017 年 10 月至 2020 年 12 月为放归的 5 只黑叶猴放归试验期。总结经验后将继续扩大放归规模。人工繁育的黑叶猴成功放归自然，标志着我国黑叶猴保护进入以人工繁育种群反哺野外种群的新阶段。这是全球首次野化放归人工繁育的黑叶猴，也是我国第一次野化放归人工繁育的灵长类动物。此举标志着我国灵长类野生动物科学研究、人工繁育和野化放归工作又一个新的里程碑。

成功经验

（1）黑叶猴人工繁育的成功标志着黑叶猴保护的新阶段。人工繁育的黑叶猴成功放归自然，意味着我国黑叶猴保护开始以人工繁育种群反哺野外种群。

（2）该案例是栖息地破碎化背景下的新种群调配方式。放归黑叶猴正是种群调配的一种特殊的科学试验方式，希望通过人工手段，帮助野外种群之间重新构建联系。

适用范围

各地的动物保护区，尤其是由栖息地破碎化引起种群数量减少、种群间有生殖隔离的动物保护区。

（丁明艳）

【案例 5-10】

科学研究助力拯救城市野生观赏种

　　城市的生态系统服务是城市可持续发展的保障，城市生态系统的服务能力，除了受生态系统类型影响外，往往还受到生态系统中一个或几个主要物种的较大影响。如城市生态系统的文化服务，很多情况下取决于生态系统中的一个或几个开花植物。对于这些构成生态系统的主要物种，尤其是其中生长与繁殖困难、易受外界环境变化影响的物种，我们要加大研究力度，促进繁殖和更新，以确保城市生态系统能够可持续地提供服务。

案例描述

　　毛棉杜鹃（*Rhododendron moulmainense*）为杜鹃花科杜鹃属常绿小乔木，又名丝线吊芙蓉，是深圳唯一的乔木型杜鹃，也是唯一自然分布于大都市中心的原生高山杜鹃。梧桐山风景区位于深圳市中南部，横跨深圳市的罗湖区、盐田区、龙岗区三个区。毛棉杜鹃在梧桐山分布数量多，范围广，整个风景区共计有毛棉杜鹃约 10 万株，2 m 以上的大树资源 5 万株以上，海拔 90～800 m 的山地均有分布，集中分布于海拔 400～700 m 的山坡，尤其是小梧桐北坡山谷和万花屏等地，多成片分布，形成自然毛棉杜鹃林。

　　2005 年，梧桐山风景区管理处技术人员在资源调查中发现，毛棉杜鹃生长缓慢，天然更新困难，与浙江润楠（*Machilus chekiangensis*）、亮叶冬青（*Ilex nitidissima*）等优势种存在生长竞争关系，且本身种群存在更新演替衰减等问题。由于周边高大乔木压制，和藤本植物的遮挡、缠绕、压迫，毛棉杜鹃长期得不到阳光和养分，出现大量枯梢、生长不良的情况，有部分毛棉杜鹃甚至枯死，若不进行科学管理和有效技术手段辅助，毛棉杜鹃资源将逐步消亡。

　　参考国内外风景林发展中存在的共性和关键问题的解决措施，梧桐山风景区管理处开展了毛棉杜鹃景观林抚育新技术等方面的研究，形成了一整套

123

科学性和创新性强的实用技术体系，在实践中取得了良好的效果。

（1）开展毛棉杜鹃景观林抚育技术和相关理论研究。该研究构建了新的风景林概念体系，建立了一个新的风景林次级林种生态景观林（既有理想的景观效果、令人震撼的视觉冲击力，又兼备良好的生态功效和丰富的生物多样性），提出了生态景观林的构建新公式（生态景观林=景观树种+本底植被），并针对梧桐山毛棉杜鹃种群在自然条件下所出现的种群衰退、开花率低等问题，依托"保护大环境，改善小生境"的核心理念，借鉴森林抚育间伐技术，探索创新出适用于毛棉杜鹃风景林的抚育技术，系统性建立了一套重点以间伐、修枝、截顶、截干和适度割灌、割藤（蔓）、施肥等技术措施为主的创新技术体系，解决了毛棉杜鹃上方或侧方胁迫问题，使之充分接收阳光，健康生长，大幅提高开花率与开花效果，从而提升景观效果。同时大力保护本底植物，保证森林生态系统的功能性与完整性。

（2）毛棉杜鹃花海景观构建。利用梧桐山丰富的毛棉杜鹃资源及南亚热带常绿阔叶林本底植被，梧桐山风景区首次通过人工适度干预，构建大规模、群落健康稳定、景观突出的具备世界唯一性与不可复制性的梧桐山毛棉杜鹃花海景观。

2006 年，技术人员选取万花屏区域作为试点开展毛棉杜鹃景观抚育工作，通过修枝与间伐周边强势树木，清理藤蔓，改善毛棉杜鹃生存环境。自 2008 年开始，万花屏区域景观效果大幅提升。经过多年的抚育探索和生态评价，万花屏区域的景观效果也越来越好，管理处的景观抚育技术也更为成熟和系统化。2016 年起，梧桐山风景区的毛棉杜鹃进入全面抚育阶段，风景区组建了专业抚育队伍，加大力度，从犁头尖、小梧桐，经豆腐头到大梧桐，对延绵十多公里山顶区域范围的毛棉杜鹃开展了全面抚育。2018 年起，梧桐山的毛棉杜鹃呈现花海景观，花城明珠大放异彩，被深圳市领导誉为"深圳一大胜景"，被深圳市民评为"深圳第一花景"。

成功经验

（1）科学研究推动物种恢复。理论指导创新，本案例的毛棉杜鹃得到了很好的保护与恢复，很多保护与恢复措施都是针对该物种面临的问题而研发的。

（2）通过保护与恢复构成生态系统的主要物种，提升了城市生态系统服务能力。在恢复和保护毛棉杜鹃的同时还注意保护了当地原有物种，保证了生态系统的完整性和原生性。

适用范围

可用于国内外风景名胜区、公园、绿地等生态系统的修复与服务提升；城市重要绿化物种的保护与恢复。

（景慧娟　白宇清　王定跃）

第 6 章

宣传教育

　　随着社会的发展，物种保护的形势也在不断变化，宣传教育已经成为普及珍稀濒危物种知识、提高民众保护意识的重要手段。提高公众物种保护的知识和意识，能够降低公众因"不知""不懂"造成的涉野生动植物犯罪率，同时还可以提升公众的参与度，扩大物种的保护范围，提高保护成效。

【案例 6-1】

中国首家蝴蝶专业博物馆开启中华虎凤蝶科普之旅

近年来，随着经济快速发展、城市化规模的不断扩大，部分地区的森林生态系统呈现斑块状、破碎化的趋势。一方面，导致了野生动物的栖息地受到破坏；另一方面，作为野生动物食物来源的植物、生境也遭到了破坏，引发部分野生动物的生存危机。

案例描述

中华虎凤蝶（*Luehdorfia chinensis*）是中国特有的鳞翅目（Lepidoptera）凤蝶科（Papilionodae）昆虫，仅分布于中国秦岭和长江中下游部分地区，是国家二级重点保护的野生动物，也被列入了《世界自然保护联盟濒危物种红色名录》。由于其年发生世代数少，化蛹、羽化率低，寄主植物数量少以及早春低温阴雨影响成虫交尾、产卵，故其种群数量稀少。

图 6-1-1　中华虎凤蝶（边福强　摄）

中华虎凤蝶寄主植物是马兜铃科细辛属的 2 种植物：长江中下游的低海拔区（多为 300 m 以下）为杜衡（*Asarum forbesii*）；陕西（秦岭）、河南（石人山）和湖北（大别山）的高海拔地区（1 100～2 000 m）为细辛（*A. sieboldii*）。该种分布区的人口稠密化与都市化以及大农业化，极大地破坏了本种的栖息与生存条件，加之这 2 种寄主植物均为多年生草本植物，并都可入药，近年来被盲目采挖，这些均导致中华虎凤蝶日益濒危。

中华虎凤蝶自然博物馆位于中华虎凤蝶主要栖息地之一的南京老山生态区附近，于 2016 年 4 月 15 日建成开馆。博物馆以"爱与生命"为主题，设置了序厅、中华虎凤蝶全虫态、虎凤蝶属研究 3 个常设展区，通过对中华虎凤蝶全虫态的展示以及对世界虎凤蝶家族的解密，完整再现了中华虎凤蝶从卵到羽化的全过程，明确标注了虎凤蝶属在世界各区域的分布。这是中国首家蝴蝶专业博物馆，也是中国首家以"中华虎凤蝶"为主题的自然博物馆。

国内外虎凤蝶研究的相关图片、文献、电视片、研究成果等资料也在馆内展出，包括中华虎凤蝶等世界珍稀蝴蝶标本 400 余件。博物馆还以互动体验等形式，开展保护中华虎凤蝶及其生存环境的生态教育。

博物馆不仅为中华虎凤蝶的科学研究提供了一个良好的交流平台，更是保护中华虎凤蝶以及其生存环境的生态教育基地，还是南京市中、小学的课外实践基地。

2018 年 3 月 10 日，由南京市环境保护宣传教育中心和南京中华虎凤蝶自然博物馆联合组织的自然小课堂"2018 年南京中华虎凤蝶同步调查"，在南京地区开展。这是国内首次针对南京地区中华虎凤蝶种群受胁状况进行的同步调查，范围几乎涵盖南京全市，并通过直播形式跟踪调查。

中华虎凤蝶是南京的生态名片，同步调查不仅可以了解、展示南京的生态环境，摸清中华虎凤蝶家底，更是最好的自然体验和环境教育。

公众通过参与和观看调查的过程，了解南京的生物种群及生态现况，增强了环境保护意识，增进了对政府环境保护工作的理解、支持和参与，形成了全社会关心环境、保护环境、人与自然和谐相处的良好氛围。

同步调查作为"南京生物多样性调查活动"的一部分，将持续进行下去，每年以不同主题、不同形式，协调江苏省境内、长江中下游各省的有关大学、科研院所、环保单位和民间蝴蝶社团，开展中华虎凤蝶的同步调查。

成功经验

（1）中华虎凤蝶博物馆是物种保护宣传的重要窗口。建立针对中华虎凤蝶这一个物种的博物馆，利用这一基地，开展物种保护、生态教育和科普宣传工作。

（2）中华虎凤蝶博物馆是物种保护科学研究的重要平台。博物馆作为基地和牵头人，与志愿者一起清查中华虎凤蝶分布、数量等信息，为进一步保护中华虎凤蝶做好基础工作。

适用范围

地方政府联合科研院所、民间团体以及志愿者作为物种保护的主体，建立小型的博物馆。并以博物馆为依托，对某一地方性的珍稀濒危物种开展物种保护、生态教育和科普宣传工作。

（丁明艳）

【案例 6-2】

线上线下相结合——本土物种保护与科普的新模式

传统的物种保护科普活动存在形式单一、宣传有限、参与度不高等问题，如何利用互联网传播的实时性、便利性、交互性立足网络平台，通过线上与线下相结合的方式，开展物种保护的宣传与科普，提升公众对本土物种的关注与认知，增强公众科学保护物种的观念，是当今环境工作者需要思考的问题。

案例描述

2019 年 5 月，由中国动物园协会倡导，中国 40 余家动物园联合发起了"保护本土物种，建设生态中国"的全国联动活动。活动采取互联网线上活动与线下实体活动相结合的方式，线上对部分物种进行视频网页直播，线下活动部分选择全国 40 余家动物园统一开展科普集中宣传。此举旨在开启本土物种保护科普宣传，促进群众认识和保护本土物种，同时也向全社会公众集中展示中国本土物种保护方面的杰出成绩。

全国各地的动物保护场所围绕此次活动主题，陆续开展了一系列的精彩活动。

2019 年 5 月 25 日，"保护本土物种，建设生态中国"全国动物园联动活动开幕仪式暨 2019 "我身边的三江源"北京动物园自然艺术嘉年华在北京动物园成功举办。通过三江源科普展、艺术市集、趣味拼图挑战、拍照角、红外相机体验角等多种互动体验，5 小时的活动吸引了超过 5 000 人次参与，极大地提高了群众的参与热情。活动还通过线上视频，对青海玉树嘉塘湿地、隆宝湿地、通天河沿岸、青藏公路沿线等地的黑颈鹤（*Grus nigricollis*）、水獭（*Lutra lutra*）以及藏羚羊（*Pantholops hodgsonii*）等物种进行视频直播，并开展线上知识问答。

沈阳森林动物园在线上图文并茂地向群众展示了园内生活的众多本土动物，东北虎（*Panthera tigris*）、丹顶鹤（*Grus japonensis*）、梅花鹿、东方白鹳（*Ciconia boyciana*）、双角犀鸟（*Buceros bicornis*）、蒙古野驴（*Equus hemionus*）、麋鹿等物种。在线下游园活动中，设立了一系列的本土动物科普说明牌，说明牌采用图文资讯和物种填空等形式，使观众在游览中了解物种的概况，并加深对物种名称、分布及主要习性的印象，将物种科普的效果落到了实处。

哈尔滨北方森林动物园积极响应本次联动活动，以线上线下的形式举办了主题为"关爱黑土地上的动物"活动，主要内容包括：①"动物知识进课堂、进社区"主题活动，活动形式有网页资讯宣传和线下展览，展示动物标本、动物知识展板等资料，将黑土地上的本土物种展现给群众；②"小小动物饲养员"主题活动，给孩子们提供了当一天饲养员的机会，让孩子们了解本土物种的生活习性和状态。

昆明动物园举办了"保护本地物种、建设生态中国"摄影大赛线上投票活动。摄影作品经过后台筛选之后，通过微信公众号对 21 名候选者作品进行投票。作品涵盖了本土植物、动物及生态环境建设等方面，包括白眉长臂猿、红隼、茶花等物种，在评选摄影作品的同时，也提高了群众参与物种保护的积极性，加深了群众对物种外形的印象。

本次物种保护系列活动体现了互联网信息共享的高迅捷与强互动的特点，丰富的特色活动提高了群众的参与积极性。可以想见，未来互联网平台将成为本土物种保护与科普的新阵地。

成功经验

（1）活动以网络平台为媒介，以各地动物园为实体，采用线上线下相结合的方式，群众参与度高，收效好。

（2）活动形式丰富，通过线上微信公众号、视频、文字、投票，线下展板、饲养员体验、嘉年华等形式的活动，脱离了传统宣讲说教的模式，加深了参与人特别是小朋友的印象。

（3）采取集中号召、各地响应的举办模式，各地方动物园与动物保护机构结合本地区特有的本土物种的特点，在多地区、多时间分别开展活动，便于活动的组织与运行，扩大了活动宣传、参与的范围。

适用范围

国内外需要开展物种保护科普宣传的部门、组织、科研单位、团体。

（冯瑾）

【案例 6-3】

植物识别科普平台助力大众保护身边的珍稀物种

中国是世界上生物多样性最丰富的 12 个国家之一，拥有 35 000 多种高级植物。植物在人们日常生活中随处可见。但如果因为不认识植物而随手破坏，或许会铸成大错。河南洛阳一村民以采卖草药为生，在山上看到几株能治疗咽炎的"小苗"，就随手采挖带回家中。这几株小苗正是国家一级保护野生植物"南方红豆杉"。该村民因非法采伐国家重点保护植物被栾川县人民法院判处有期徒刑 3 年，缓刑 3 年，并处罚金人民币 5 000 元。如何让没有专业知识的普通群众具备基本植物知识，不再因为无知破坏濒危物种，也是物种保护面临的挑战之一。

案例描述 ————————————————————————————

2004 年出版的植物分类权威书籍《中国植物志》共 126 册，记录了中国已发现的植物名称、形态特征、分布区域，为中国植物资源的概况做了综合概述。但对于国内植物爱好者来说，《中国植物志》没有相应植物的彩色照片，仅仅依靠文字描述还是难以辨认。

2008 年，中国科学院植物研究所建立中国植物图像库，系统收集和整理植物影像图片。一方面收集专家提供的胶片并进行数字化处理，另一方面建立网络平台，依靠全国广大植物爱好者收集植物数码照片。图片按照植物分类的科、属、种汇集，由照片提供者提供图片拍摄地、名称等信息，共享在平台上，相应的专家团队会为上传图片鉴定、纠错。直至 2018 年，中国植物图像库收集了 400 万张植物图片，涵盖了中国植物的 2/3。

2013 年，中国科学院植物研究所与百度公司下属的深度学习实验室合作，利用现有图像库的数据，以深度学习为框架，开发了利用图像进行物种人工智能识别的方法。

2016 年，中国科学院植物研究所依靠其全球最大的植物分类专题图片库（图片 430 余万幅，涉及植物 3 万种）与鲁朗软件联合开发了"花伴侣"手机应用。"花伴侣"手机应用利用人工智能识别的方法，使用者只需拍摄植物的花、叶、果等具有明显特征的部位，就可以快速识别植物，几乎覆盖所有常见的 5 000 种花草树木，同时"花伴侣"手机应用还会根据识别出的植物推送相关的植物百科知识，使用者可以在"扫一扫"的同时轻松了解植物的科、属、种以及是否国家保护物种、是否外来入侵物种、是否具有药用价值等信息。"花伴侣"作为一款帮助普通大众了解和学习植物知识的工具，受到了用户的广泛欢迎。仅依靠用户分享，下载量就超过了 500 万次，物种知识的普及力度前所未有。"花伴侣"手机应用还与高德地图合作，对手机用户附近常见植物进行分类整理，使用户能够了解身边的植物，进而在日常生活中更加注重植物的保护。基于"花伴侣"用户群的大数据，平台也在为国家物种多样性调查、区域物种分布、野生植物资源调查、物种保护工作提供数据支撑。

成功经验

（1）专业的研究机构能够为物种保护提供技术支持。中国植物图像库依靠中国科学院的专家团队鉴定大量植物图片，同时利用海量图片数据库对新上传图片进行比对，形成良性循环，大力推动了中国植物识别和保护。

（2）方式简单，易于推广。人工智能技术的进步为物种保护提供了新的可能性。植物形态鉴定和 DNA 分子鉴定对于普通大众来说门槛过高，不利于植物知识的科普。人工智能的发展演化出了物种人工智能识别，人们只需要对需要辨认的植物拍照即可马上获得结果，这利于植物知识的快速传播。

（3）寓教于乐，科普性强。"花伴侣"手机应用不仅能及时显示识别结果，还能根据查询的植物推送相关科普知识，使使用者在当地当时就能接收到全面的植物信息，有利于植物知识的有效推广。

适用范围 ··

　　国内外拥有植物分类知识专家团队的高校、科研院所可以借鉴本案例建立本地植物图片数据库；国内外擅长人工智能研发的公司可以借鉴本案例开发人工智能物种识别方法。

（冯瑾）

【案例 6-4】

明星效应应用于濒危物种保护

在非法野生动物交易高额利润的驱使下，许多野生动物被捕猎，被作为奇异的宠物、中药材、珍馐、旅游纪念品及装饰品进行非法买卖。如果人们对野生动物制品的需求不减少，非法野生动物买卖就难以根除。如何辨识濒危物种制品，加强对公众的宣传教育，对濒危物种的保护十分重要。

案例描述

随着互联网、小视频、微信等媒介的普及，野生救援协会（Wild Aid）、新浪、优酷、抖音等平台在一批优秀的中国运动员、演艺人员、企业家的支持下，通过宣传报道动物保护事件以及制作纪录片、投放公益广告等方式，共同努力，降低公众对濒危野生动物的消费需求。

为了拯救因鱼翅的需求而濒临灭绝的鲨鱼，2012 年 7 月，国际环保组织野生救援协会同中坤投资集团董事长黄怒波、中国普乐普公共关系总裁魏雪等 5 位企业家共同作出拒食鱼翅的承诺，并发布企业家们拒食鱼翅的公益广告，呼应政府保护鲨鱼物种和海洋生态平衡，新公益广告在国内各大媒体投放，产生了积极影响。

2016 年，周杰伦担任野生救援公益大使，并发布保护濒危物种海龟（*Chelonia mydas*）和穿山甲（*Manis pentadactyla*）的公益广告《无限生机》。同时中国著名短视频平台抖音也加入野生动物保护的议题，并承诺将继续和野生救援及更多国内外公益组织展开合作，为人与自然的和谐相处贡献自己的力量。

2019 年，由中华环境保护基金会主办，郎朗担任中华环保宣传大使暨星众画报宣传计划启动仪式在北京举行，钢琴家郎朗被授予"中华环境保护基金会中华环保公益宣传大使"荣誉称号，并在以环境保护为主题，公众参与的环保公益宣传片中担任主角。

如今，一句"没有买卖，就没有杀害"已经成为脍炙人口的宣传语，拒绝象牙制品、犀牛角制品、穿山甲制品、鱼翅等在明星大使的影响力下深入人心，不断提升公众不买卖、不捕捞、不破坏与不污染的意识。

成功经验

（1）公众人物品牌效应提升物种保护的宣传力度。邀请公众人物，如影视明星、知名运动员、知名企业家等，进行保护濒危物种的宣传与倡议，利用公众人物的知名度以及巨大影响力，提高公众对濒危物种制品的认知与保护意识。

（2）多媒体的宣传方式能够扩大宣传范围。通过拍摄公益广告、纪录片、发布会等媒体手段，在国内各大媒体投放，增强宣传效果。

适用范围

该保护方式适用于急需保护、扩大影响力以及提高公众意识的濒危物种，同时适用于政府部门与非政府组织以及企业加深合作的濒危物种保护公众教育。

（李若溪　张丽荣　金世超）

【案例 6-5】

社交媒体——物种保护的及时雨

近年来，随着经济的快速发展、人口的快速增加、城市的不断扩张，导致人类与野生动物的生存空间发生了重叠，让许多野生动物处于危险之中。其中场地施工进行与动物栖息地保存之间的矛盾就时常出现，如何及时发现这些问题并且快速采取有效措施，是动物保护组织与政府部门面临的一大挑战。

案例描述

粉红椋鸟（*Sturnus roseus*）羽色靓丽，外形似八哥，头顶长有如"大背头"一般的羽冠，背部及腹部呈现粉红色，十分可爱，故称粉红椋鸟。其以昆虫为食，尤其爱吃蝗虫，且食量惊人，每只鸟每天捕食蝗虫达 120～180 只，可保护两亩草场避免蝗害，成为生物灭蝗的主力军，是当地人们心中的"草原铁甲兵"，同时也是我国"三有保护动物"（国家保护的有益的或者有重要经济、科学研究价值的陆生野生动物）。它们是迁徙性候鸟，主要分布于欧洲东部至亚洲中部及西部，在中国主要出现在新疆及甘肃地区，每年 4 月会从南亚远道而来繁衍生息，喜爱结大群生活于干旱的开阔地，于石堆、崖壁缝中筑巢，正是这一习性，使得它们常常会进入人类生活区域，在废弃的房墙、牛栏以及乱石堆积的工地中繁殖。

2018 年 6 月，几位观鸟爱好者在新疆尼勒克县 218 国道附近意外发现了一大群粉红椋鸟在施工工地的土石堆中筑巢。轰鸣的挖掘机在不停作业，石缝中成百上千只雏鸟与未孵化的鸟蛋处于极其危险的境地。按照原定工期，一周内该处石堆就会被清理干净。

图 6-5-1　喜欢在乱石堆种栖息的粉红椋鸟（施诗　摄）

　　观鸟爱好者当即找到当地施工者进行沟通。但是，一个庞大的工程牵扯到多方的程序与决策，一旦停工，国道将无法在预定时间通车，并且还会造成近百万元的经济损失。工程负责人除了暂时停工，一时也很难给出完善的解决办法。观鸟爱好者们立刻联系了"守护荒野"组织寻求帮助，于是该组织在其微信公众号与微博各发布了一则消息，题为《救救粉红椋鸟》，叙述了粉红椋鸟的危急情况，呼吁大家帮忙扩散，寻求帮助。

　　粉红椋鸟的命运很快吸引了上万网友的关注，爱心民众与网络知名人士纷纷转发，在广泛传播下，该事件也引起当地政府部门与相关专家的注意，并获得了国家林业和草原局官方微博的回复。2018 年 6 月 25 日，在国家林业和草原局驻乌鲁木齐森林资源监督专员办事处的督办下，伊犁州林业局、新源县林业局下达了施工方维持停工状态的通知，明确了在粉红椋鸟未完全孵化出雏鸟并且离开前，不得在此施工或复工，同时派出专家对施工方与附近居民进行了粉红椋鸟保护知识的宣传教育。

项目负责公司积极响应，停工之余，还将石堆附近上的碎石进行了清理，避免石块滑落对鸟群造成伤害，并在石堆外围用颜色鲜艳的绿网和铁架进行围拦，防止人和牲畜随意进入产生破坏，同时设立了暂停施工、禁止人员入内的声明牌与"椋鸟孵化区"的保护牌。在停工后第二天，施工队各类机械车辆就从该路段撤出，24小时之内，粉红椋鸟的命运发生了彻底逆转。

成功经验

（1）社交媒体的快速传播能力大大缩短了事件的反馈时间，及时引起了决策部门的注意，让民间动物爱好者与动植物保护组织更快更广地进行宣传与求助。

（2）展现了民众呼吁、政府引导、企业实践的物种保护新模式。

（3）社交媒体架起了官方保护与民间保护之间的桥梁。国家林业和草原局也及时通过微博等网络媒体平台回应公众关切，并在24小时内迅速有效地处理了"粉红椋鸟求救"事件。

适用范围

国内外有志于物种保护的志愿者、民间组织与各级政府均可借鉴该事件，建立起专门的生物保护信息收集与发布的公众号，扩大影响力，加快事件报道、反馈与处理效率。

（施诗）

【案例 6-6】

设立专门物种保护日，提升公众保护意识

公众对于物种现状认知的欠缺与保护意识的薄弱，是很多物种数量下降并面临灭绝的一个重要原因。人们食用或药用的传统习惯，让许多物种即使已被列入保护名单，依然难以逃脱被捕捉的风险。只有大家都树立起生物物种保护意识，主动参与保护工作，才能让珍稀物种从餐桌上消失，其生存危机才能得到控制。如何广泛有效地面向公众进行物种濒危现状与保护知识普及，是政府与各界动植物保护组织亟须解决的难题。

案例描述

鲎是古老的海洋底栖无脊椎动物，已经在地球上生存了 4 亿多年，其在进化过程中外形与构造并没有发生重大变化，是当之无愧的"活化石"。全球现存的鲎共有 4 种，我国主要分布的有中国鲎（*Tachypleus tridentatus*）与南方鲎（*T. gigas*），中国鲎曾广泛分布在长江口以南的海域。鲎的血液含铜离子的血蓝蛋白，呈现独特的蓝色，同时血液中的凝固蛋白原遇到细菌内毒素会发生反应，可被用于医学检测。20 世纪 90 年代，大量的鲎试剂厂出现，使得中国鲎被长期大量捕捞，野外种群急速下降，随后鲎试剂产业也进入谷底。另外由于鲎的稀缺和缺乏合理的保护与监管措施，鲎在南方沿海的餐饮市场备受欢迎，江浙、福建、广西及广东沿海一带食鲎风气盛行。据统计，北海地区的鲎数量在过去 20 多年里下降 90% 以上，曾经遍布滩涂的鲎濒临灭绝。

为呼吁社会各界关注鲎的生存现状，共同保护这一濒危物种，海峡两岸的专家致力于扩大鲎的知名度。人们常常见到中华鲎交尾时雌雄抱对出现，民间便给了它"夫妻鱼"的称呼。借助这一切入点，2010 年福建省农业科学院与台湾地区湿地学会多名专家学者联合倡议，将每年的七夕节定为"海峡两岸鲎保育日"。至此，每年的七夕节前夕，多个机构都会开展鲎的保护宣传，向全社会发出"拒

食、拒售中国鲎"倡议。目前有广西北仑河口国家级自然保护区、台湾地区湿地学会、世界自然保护联盟物种生存委员会鲎专家组等 26 个组织机构，广西北部湾地区 6 所大学以及 227 名海峡两岸的专家学者共同参与，成立了鲎保护志愿者团队。当地渔政、水产、工商、旅游、林业、环保等官方部门和媒体亦积极参与鲎保护行动，推动了北部湾地区 110 多家海鲜餐厅成为"不吃鲎餐厅"。

2019 年，广西举办了"第四届鲎科学与保护国际研讨会暨北部湾滨海湿地生物多样性保护研讨会"，会上，来自 18 个国家和地区的专家学者汇聚一堂，共同分享与探讨鲎的研究进展、保护实践与公众教育方案，在中国学者的努力呼吁下，会议一致通过并发布了"全球鲎保护北部湾宣言"，同时，世界自然保护联盟物种生存委员会鲎专家组联合主席 Mark Botton 代表鲎保护者宣布，将每年 6 月 20 日定为"国际鲎保育日"。通过这次会议，鲎的保育工作为更多民众所知。

成功经验

（1）采取了设立保育日这样公共参与度高、关注度高的方式进行鲎保育的宣传，让民众参与其中更易受到感染，能够保证宣传的效果，同时具备十分好的可持续性。

（2）寻找合适的宣传切入点，增加民众接受度。巧妙地借助鲎在民间的称谓，选择大家喜爱的七夕节作为保护日，能大大提高民众的兴趣与接受度。

（3）科研院所联合国际保护组织共同发声，突出该物种保育的紧迫性与重要性，能有效提高政府部门的关注度与民众的保护意识。

适用范围

计划对民众进行物种保护科普与宣传的政府机构、科研机构与民间动植物保护组织。

（施诗）

【案例 6-7】

艺术宣传动员公众保护绿孔雀

诸多珍稀濒危物种的灭亡源于人类对其认知的空白，一些濒危物种还没来得及走进大众的视野就永远地消失了。如何运用多种民众喜闻乐见的宣传方式对一些处于灭绝边缘的珍稀物种加以宣传，提高公众物种保护意识是物种保护工作的重要一环。

案例描述

绿孔雀（*Pavo muticus*）是中国的原生物种，分布于云南西部怒江地区、西南部思茅地区、南部红河地区和中部楚雄地区。相较于外来物种蓝孔雀（*Pavo cristatus*）（印度孔雀），绿孔雀要珍稀许多，我国野生种群数量不足500 只，被列为国家一级重点保护野生动物，被 IUCN 列为全球性濒危（EN）物种等级，列入 CITES 附录 II。

绿孔雀作为重要的生物多样性保护旗舰物种，亟待得到更多公众的了解、关注和保护。自然之友作为中国最早成立的生态环境保护社会组织，从2017 年开始通过一系列创新的手法，引入艺术参与的推动方式，让数千万公众有机会参与到"认识中国绿孔雀、守护中国绿孔雀"的行动中来，切实推动生物多样性主流化进程。

（1）全国青少年绿孔雀艺术大赛。为保护绿孔雀、呼吁更多的人来认识并参与绿孔雀保护，2017—2019 年，自然之友连续 3 年组织了全国少年儿童绿孔雀公益艺术大赛，邀请青少年为绿孔雀进行艺术创作。三届比赛征集到来自北京、上海、河北、云南、广东、福建、海南等省市的数百件艺术作品，包括绘画、折纸、立体创作。这些蕴含着青少年及其家长、老师对绿孔雀满满的关爱的艺术作品，持续在全国各地举行巡展，让更多公众认识到绿孔雀的美丽与濒危，触发关注和参与。

（2）"带绿孔雀去旅行"主题活动。基于"为最后500只绿孔雀折500只绿孔雀"活动获得的广泛公众关注度，自然之友发起了"带绿孔雀去旅行"活动，鼓励公众在日常及暑假、"十一"等出游高峰期均可持续进行倡议、开展，有利于绿孔雀保护的公众教育与传播。

（3）绿孔雀守护志愿者行动。截至2019年年底，绿孔雀保护公众行动共有核心注册志愿者约500人。在全国形成艺术创作、科研科普、传播和活动3个志愿者社群。绿孔雀保护公众行动团队对志愿者进行培训并为他们提供基础课件和传播物料，帮助志愿者在各地开展绿孔雀保护科普活动。志愿者在北京、山西、杭州、四川、重庆、广东、云南等地组织开展绿孔雀保护主题艺术和科普活动近300场。绿孔雀守护志愿者行动与三一基金会、果壳网、北京现代音乐研修学院等合作开展了"千人成图"大型公众艺术创作活动，影响近百万公众。

（4）绿孔雀主题公众活动。以自然之友为主体发起超过10场绿孔雀主题活动，包括"绿孔雀之夜"公众活动、全国少年儿童绿孔雀公益绘画大赛、大赛获奖作品巡展、"等待春天的绿孔雀"亲子美术活动等。

图6-7-1　绿孔雀（边福强　摄）

（5）音乐和平面艺术创作计划。与音乐人合作创作以绿孔雀为主题的原创古风歌曲《穆穆凤兮》及手绘 MV，与网易云音乐合作以绿孔雀为主题的原创歌曲《孔雀辞》。与平面艺术家合作创作绿孔雀主题艺术作品 30 余件，绿孔雀主题明信片、书签在全国范围内传播 40 000 余张。

成功经验

（1）宣传方式多元化。不论是绘画、音乐、诗歌还是文学等艺术形式，还是在中国古代官服和很多室内陈设中，都能看到绿孔雀的影子。自然之友通过一系列艺术行动，让公众了解这个非常美丽的本土物种，知道它们不单单只存在于传统的文学和艺术作品中，也生活在我国西南山林中。

（2）借助网络平台拓宽宣传的深度和广度。通过一系列公众倡导工作，超过 5 000 万人了解和参与绿孔雀保护，与我国生态环境保护主管部门针对绿孔雀的保护行动形成了良性呼应，也让更多国际友人看到中国公众对生物多样性保护的参与和支持。

适用范围

国内外各级生态环境宣教部门；生物多样性科普、教育项目；环境社会组织与媒体。

（邹玥屿　何苗　杨丹　张伯驹）